수학이 풀리는 수학사

2 중세

수학이 풀리는 수학사

2 중세

통계와 방정식 × 전염병을 막아내고 르네상스를 부흥시키다

김리나 지음

곰곰

나의 든든한 버팀목이 되어주시는 어머니,

인생의 동반자인 남편과 소중한 선물 송하에게

수학이 즐거워지는 수학사 공부

《수학이 풀리는 수학사》는 여러분이 수학을 공부하면서 항상 궁금해하는 다음 두 질문에서 시작합니다.

'수학은 왜 배워야 할까?'

'수학을 잘한다는 것은 무슨 의미일까?'

이 책은 두 질문의 답을 역사 속에서 찾습니다.

수학은 왜 배워야 할까요?

수학을 어려워하는 학생에게 수학 학습이 힘든 이유를 물으면 많은 학생이 '왜 배워야 하는지 모르겠어요'라고 대답합니다. 방정식, 함수, 그래프 등 수학의 개념들은 이해하기도 어려울뿐더러 힘들게 배워도 우리가 살아가는 데 별 필요가 없는 것처럼 느껴지기 때문이겠지요.

하지만 수학의 개념, 원리, 법칙 들은 우리가 살아가는 세상과 밀접한 관련이 있습니다. 또 모든 수학의 개념, 원리, 법칙 들이 만들어진 데에는 역사적·수학적·과학적 배경이 있지요. 우리가 수학을 왜 배워야 하는지 모르는 이유는 이러한 배경에 대한 이해 없이 만들어진 결과만을 배우려고 하기 때문이에요. 수학은 살아가면서 생겨나는 여러 가지 문제를 해결하기 위해, 예컨대 전염병을 막거나 전쟁에서 승리하기 위해, 넓은 우주를 이해하기 위해 다양하게 발전해왔습니다.

《수학이 풀리는 수학사》는 수학이 만들어진 배경에 관한 이야기를 담고 있습니다. 고대부터 중세와 근대를 지나 지금에 이르기까지, 역사의 흐름 속에서 수학이 어떻게 만들어지고 사회를 변화시켰는지를 설명하지요. 그 안에서 만들어진 수학 개념들이 이후 어떻게 확장되어 현재에 이르렀는지에 대한 보충 설명과 함께 말이에요. 여러분은《수학이 풀리는 수학사》를 통해 수학이 어떻게 만들어졌고, 우리의 생활을 어떻게 변화시켰는지를 확인하면서 수학을 배워야 할 필요성을 이해할 수 있을 거예요.

그렇다면 수학을 잘한다는 것은 무슨 의미일까요?

수학을 잘하기 위해서는 수학의 개념, 원리, 법칙 들을 잘 이해해야 합니다. 그런데 수학 시험에서 100점을 받는다고 해서 그 사람이 수학을 잘한다고 할 수 있을까요? 그렇다면 세계에서 수학을 가장 잘하는 사람은 가장 어려운 문제를 푸는 사람일까요?

수학자들은 수학의 개념, 원리, 법칙 들을 활용해 새로운 문제 풀이 방법을 만들거나 새로운 개념, 원리, 법칙 들을 만듭니다. 새로운 수학적 방법과 개념을 만들어내는 것은 수학의 정의를 암기하고 수학 문제를 열심히 푼다고 해서 기를 수 있는 능력이 아니에요. 내 주변 생활, 나아가 우리 사회가 어떤 문제점을 가지고 있으며 이 문제점을 수학적으로 어떻게 해결할 수 있는지에 대한 안목이 있어야 하지요. 따라서 수학을 잘하기 위해서는 수학의 개념, 원리, 법칙 들을 이해할 뿐 아니라 우리가 살아가는 사회의 현상들과 그 문제점을 파악할 수 있어야 합니다. 이 책은 수학자들이 수학으로 이 세상을 변화시킨 과정을 소개합니다. 흥미진진한 역사 속 수학 이야기들을 통해 여러분은 수학을 잘한다는 것이 무슨 의미인지를 이해할 수 있답니다.

수학은 교과서에 있는 기호와 공식이 아닙니다. 역사와 사회, 우리의 생활 속에서 살아 숨 쉬는 중요한 원리이지요.《수학이 풀리는 수학사》를 통해 수학을 새롭게 발견해나가는 탐구의 기쁨을 경험할 수 있기를 기대합니다.

2021년 3월

김리나

차례

3X3=9
√9=3

프롤로그

중세 유럽에 관해 이야기하다보면 로마 제국이라는 용어가 자주 등장한다. 로마 제국은 고대 로마, 동로마, 서로마 등 다양한 이름을 갖고 있다. 우리가 일반적으로 이야기하는 로마 제국은 고대 로마 제국(기원전 27~기원후 395)을 뜻한다. 당시의 로마 제국은 유럽 대부분을 지배하는 거대한 국가였다.

고대 로마 제국은 395년 동로마 제국과 서로마 제국으로 나뉘어 2개의 국가가 된다. 국력이 약했던 서로마 제국은 476년 멸망한 반면 동로마 제국은 1000년 넘게 세력을 유지하다 1453년 멸망한다. 동로마 제국은 비잔티움 제국 또는 비잔틴 제국이라고도 한다.

로마 제국을 중심으로 한 유럽의 중세는 흔히 수학의 암흑기로 불린다. 실용적인 수학만을 중시했던 로마 제국의 풍토와 사회·자연 현상에 대해 수학적인 접근을 거부하는 기독교의 영향 때문이다. 중세 유럽을 지배했던 기독교는 자연 현상을 신의 섭리로 생각하고, 이에 대해 분석하거나 증명하려는 행위를 신에 대한 모독이라고 봤다.

그러나 현재 우리가 사용하는 로마 제국의 달력, 건축 기술 등의 실용적 수학은 발전을 거듭해왔다. 또한 중세 유럽이 수학의 암흑기를 거치고 있었던 것과 별개로, 아라비아에서는 고대 그리스의 수학과 인도의 수학을 융합해 수학의 진보를 앞당기고 있었다. 아라비아의 수학은 중세가 끝나갈 무렵 다시 유럽으로 전파되어 수학과 과학을 부흥시키는 데 중요한 역할을 한다.

《수학이 풀리는 수학사 2 **중세**》는 중세 유럽에서 수학이 제대로 발달할 수 없었던 이유와 아라비아의 수학이 유럽까지 전해질 수 있었던 역사적 배경, 그리고 그 안에 담겨 있는 여러 가지 수학의 발전사를 살펴본다.

1

달력과 건축술

달력에는 왜
로마 왕의 이름이
남아 있을까?

Calendar

“로마는 하루아침에 이루어지지 않았다.”

“모든 길은 로마로 통한다.”

“로마에 가면 로마법을 따르라.”

로마와 관련한 속담들이 참 많단다. 여기서 ‘로마’는 서양 문명의 바탕을 이루는 거대한 ‘로마 제국’을 말하는 거지.

오늘날 정치의 밑거름이 된 로마의 공화정, 법의 기틀을 마련한 12표법, 그리고 지금까지 아름다움을 칭송받는 멋진 건축물들…….

로마는 유럽 전역에 거대한 제국을 이룩하면서 서양 문화가 근대 사회로 나아가는 기틀을 마련했단다. 하지만 넓은 지역을 효율적으로 지배하기 위해서는 명확하고 실질적인 법들이 필요했어. 그래서인지 논리적인 사고가 중시되었던 그리스 시대의 수학과 달리 로마 수학은 실생활에 필요한 수학을 중심으로 발전하게 되었단다.

비록 어려운 수학 개념들을 만들어내지는 못했지만 로마 시대에 발전한 실용 수학은 우리 생활에서 아직도 사용되고 있어. 로마의 역사 속에서 수학은 어떤 역할을 했는지, 우리 생활 속에 어떤 모습으로 남아 있는지 함께 알아보자.

그리스 수학에서 이집트 수학으로 돌아가다

기원전 753년 로물루스는 자신의 이름을 본떠서 로마라는 새로운 국가를 건설했다. 로마는 800여 년에 걸친 정복 전쟁으로 이탈리아를 비롯한 유럽, 그리고 지중해를 넘어 이집트 등의 북아프리카와 페르시아까지 지배하는 거대한 국가를 이루었다.

로마는 자신의 영토보다 수십 배, 아니 수백 배에 이르는 거대한 정복지에 사는 수많은 민족을 다스리기 위해 어떤 정책을 폈을까?

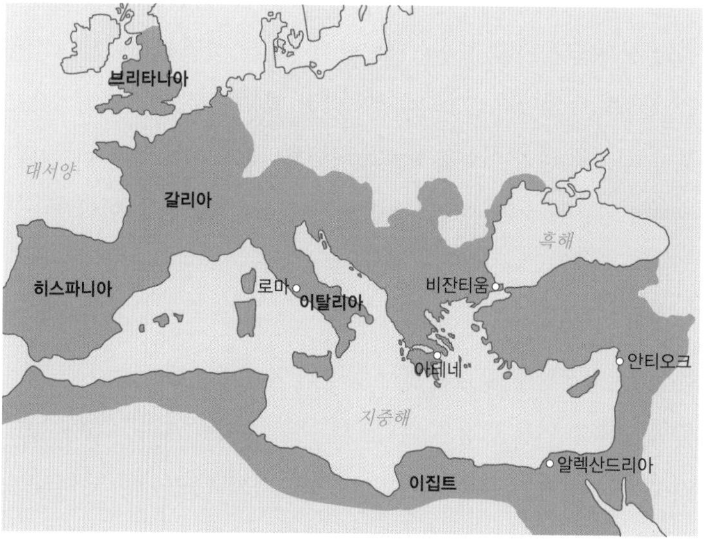

로마 제국의 최대 영토 로마 제국은 유럽의 대부분과 북아프리카 및 서남아시아 일부까지 지배했다.

그들을 포용하는 회유책과 그들이 규칙을 어길 경우 엄하게 벌하는 강경책을 적절히 사용했다.

로마 제국이 사용한 회유책은 다양한 민족의 문화와 종교를 인정하는 것이었다. 로마인들에게 신은 인간을 도와주는 존재로 인식되었다. 로마인들은 신이 많을수록 좋다고 믿었으며, 황제가 사망할 경우 신으로 섬기기도 했다. 따라서 로마는 황제의 권위를 무시하지 않는다는 조건으로 그들의 종교를 인정하고 종교의 자유도 보장해주었다. 국가적인 차원의 종교 행사에는 로마 시민들만 참석하면 되었다.

로마 제국이 사용한 강경책 중 하나는 철저한 신분제 사회를 유지하는 것이었다. 귀족 계급을 제외한 대부분의 하위 계층에게는 교육을 실시하지 않았다. 로마 제국의 하위 계층은 주로 정복 전쟁으로 로마 제국에 편입된 다른 민족들이었다. 따라서 이 시기의 학문은 문자를 아는 소수의 귀족 계층만이 접근하고 연구할 수 있었다.

로마 시대의 수학은 개념과 원리를 탐구하는 철학적 학문보다는 거대한 로마 제국을 통치하기 위한 실용적 학문으로 여겨져 토지 측량 등 실생활에 필요한 분야를 중심으로 발달했다. 뛰어난 학자들의 연구로 기틀을 잡은 그리스의 논증 수학이 로마 시대에 이르러 다시 이집트의 실생활 수학으로 돌아가게 된 것이다. 달력의 개발, 건축물의 측량 등은 이러한 로마 수학의 특징을 잘 나타낸다.

로마의 달력

우주를 이루고 있는 태양, 행성, 달 등을 모두 일컬어 천체라고 한다. 지구가 태양 주위를 1년 주기로 공전하거나 달이 지구 주위를 30일 주기로 공전하는 등 천체의 규칙적인 움직임을 이용해 시간의 흐름을 측정하는 방법이 '역법(曆法)'이다. 역법의 '역(曆)'은 '지나가다, 흐르다'를 '법(法)'은 '방법'을 뜻하는 한자로, 천체가 일정하게 흘러가는 것을 중심으로 시간과 날짜의 순서를 나타내는 방법이라는 의미를 가지고 있다.

지구가 태양 주위를 공전하는 것을 중심으로 한 역법을 태양력, 달을 중심으로 한 역법을 태음력이라고 한다. 날짜를 세서 계절을 예측하는 일은 농사에 매우 중요했기 때문에 천체의 관찰과 달력의 제작은 고대 메소포타미아 문명과 이집트 시대부터 이루어져왔다. 그러나 지금 우리가 사용하는 달력의 형태와 달(月)을 구분하는 January, February 같은 영어 단어는 모두 로마 시대로부터 유래했다. 실용성을 중시했던 로마 수학의 흔적이 우리가 매일 사용하는 달력에 남아 있는 것이다.

로마 제국이 처음부터 지금과 같은 달력을 사용한 것은 아니다. 로마 제국에서는 제사를 주관하는 제사장이 초승달을 보고 뿔피리를 불어 매월 첫째 날이 되었음을 선포했다. 이렇게 선포한 첫째 날을 '선포하다'라는 의미를 가진 'calend'라고 불렀다. calend는 달력

Martius	31일	Sextilis	30일
Aprilis	30일	September	30일
Maius	31일	October	31일
Iunius	30일	November	30일
Quintilis	31일	December	30일

고대 로마의 달력 로마의 초기 달력에서 1년은 열 달로 이루어져 있다.

이라는 뜻의 영어 단어 'calendar'의 어원이다.

그러나 제사장이 초승달만 보고 날짜를 정하는 방법은 정확하지 않았다. 이로 인해 당시 로마 사람들은 1년을 열 달, 즉 304일이라고 계산하는 오류를 범하게 된다. 한겨울에 해당하는 61일은 아예 달력에 포함시키지 않았던 것이다. 로마 사람들의 잘못된 날짜 계산법은 당시 사용한 각 달의 명칭에서도 발견할 수 있다.

로마 사람들은 우리가 1월, 2월, 3월…이라고 하는 것처럼 순서대로 각 달의 명칭을 붙였는데, 현재 9월, 10월, 11월, 12월에 해당하는 영어 단어인 September, October, November, December의 원래 의미는 일곱째 달, 여덟째 달, 아홉째 달, 열째 달이다. 이는 October의 'oct'가 8을 나타내는 어간이며, December의 'de'도 10을 나타내는 어간인 것을 보면 알 수 있다.

기원전 700년경 누마 폼필리우스가 왕이 되면서 고대 그리스의 달력을 참고해 1년을 열두 달로 고쳐 사용하게 되었다. 새로 만든 2개의 달은 1월의 앞, 10월의 뒤에 하나씩 추가되었다. 기존의 1월에서 10월까지의 명칭은 그대로 사용하고 새로 추가된 첫째 달은 문을 지키는 수호신 야누스(Janus)에게 바친다는 뜻에서 야누아리우스(Januarius)라 불렀다. 문은 시작의 의미를 지녔기 때문이다. 새로 추가된 마지막 달은 새해를 맞이해 모든 것을 깨끗이 정리한다는 의미에서, '깨끗이 하다'라는 뜻의 라틴어 'Februs'에서 따온 '페브루아리우스(Februarius)'로 이름 지었다. 그 후 모든 것을 깨끗이 정리한다는 의미가 새해를 맞이하는 의식으로 변화하게 되면서, 마지막 달이 둘째 달로 옮겨져 지금처럼 1월(January) 뒤에 2월(February)이 오게 되었다.

이렇게 만들어진 로마 제국의 달력은 1년 열두 달, 즉 355일로 이루어져 있었다. 이로 인해 1년(365일)에 10일이 부족하게 된다. 로마 제국 황제는 제사장에게 매년 10일 정도의 날짜를 아무 달에나 끼워 넣거나 윤달을 만들 수 있는 권한을 주었다. 그런데 제사장이 고위 공직자의 임기를 늘리거나 줄이기 위해 이 권한을 남용해 마음대로 달력을 고치면서 사회 문제가 되었다.

율리우스력의 사용

로마 제국은 생활의 편리성을 높일 뿐 아니라 국가의 기강을 바로 잡기 위해서도 보다 정확한 달력을 만들어야 했다. 기원전 48년 로마의 장군 율리우스 카이사르는 이집트를 정복하면서 그들의 정확한 달력을 보고 로마의 달력을 개정하도록 지시했다.

고대 이집트 사람들은 나일강의 주기적인 범람을 보며 1년과 하루에 대한 개념을 깨닫고, 지구가 태양 주위를 한 바퀴 도는 시간을 계산해 자신들만의 달력을 만들어 사용하고 있었다. 이집트인들은 달을 관찰해 달의 모양이 완전히 바뀌는 주기가 약 29일 13시간 정도라는 것을 알아냈다. 이를 토대로 한 달의 길이를 30일로 하고 1년의 길이를 365일로 하는 태양력을 사용했다.

카이사르는 당시 학문의 중심지였던 알렉산드리아의 천문학자 소시게네스에게 태양의 움직임을 계산해 달력을 만들도록 지시했다. 소시게네스는 지구가 태양 주위를 한 바퀴 도는 데 걸리는 시간을 관측해 1년은 365.25일이라는 것을 알아냈다. 하지만 이 시간을 매해 정확히 계산하기 어려웠기에, 평년은 365일로 하고 4년마다 1일이 더 많은 윤년을 만들어 평년에서 계산하지 않은 0.25일을 한 번에 더하기로 했다. 이러한 계산법은 지금도 사용되고 있다.

이후 로마 제국의 달력은 1월과 3월 같은 홀수 달은 31일로, 2월

이탈리아 토리노에 세워진 카이사르의 동상 로마 사람들은 달력을 만든 카이사르를 기념하기 위해 그가 태어난 7월에 율리우스(Julius)라는 새로운 이름을 붙였다. 현재 7월을 영어로 'July'라고 부르는 이유다.

과 4월 같은 짝수 달은 30일로 해서 모두 366일을 만든 후, 평년에서 2월의 일수를 29일로 하루 줄여 1년을 총 365일로 정해 사용했다. 현재 사용하는 달력의 기초가 되는 이 달력은 카이사르의 중간 이름을 따서 율리우스력이라고도 한다.

그레고리력의 등장

율리우스력은 서양에서 1500년대 말까지 사용되었다. 그런데 지구가 태양 주위를 한 바퀴 공전하는 데 걸리는 시간은 약 365.2422일이었다. 율리우스력에서는 1년을 365.25일로 계산했기 때문에 매년 11분 정도의 오차가 생겼다.● 이 작은 오차가 쌓이고 쌓여 1500년대에는 부활절 날짜가 실제 《성경》에 기록된 날짜와 열흘 정도 차이 나는 문제가 생겼다.

결국 당시 로마 교황이었던 그레고리우스 13세는 날짜를 맞추기 위해 1582년 10월 4일의 다음 날을 10월 15일로 한다고 공포하고 새로운 달력 계산법을 만들었다. 그것이 지금까지 사용되고 있는 그레고리력이다. 그레고리력에서는 율리우스력과 마찬가지로 윤년을 4년에 한 번 두었는데, 연수가 100의 배수가 되는 해는 평년으로, 다시 400으로 나누어떨어지는 해는 윤년으로 만들었다. 결국 윤년은 400년 동안 97번 오게 되는데, 이러한 방법으로 그레고리력의 1년 평균 길이를 계산해보면 다음과 같다.

$$\frac{365\times303+366\times97}{400}=365.2425$$

● 365.25일−365.2422일≒0.0078일.
0.0078일×24시간×60분=11.232분.

그레고리우스 13세의 기념비와 로마에서 인쇄된 그레고리력 표지 그레고리력은 이탈리아와 가톨릭 국가에서 사용되다가 20세기에 이르러서는 전 세계에서 널리 사용되었다. 우리나라는 1895년 그레고리력을 도입했다.

이렇게 해서 실제 태양의 움직임과 달력 사이의 차이는 3000년에 하루 정도로 줄어들게 되었다.

비트루비우스의 《건축술에 대하여》

로마 제국은 건축물을 설계하는 것과 관련한 실용 수학이 발달했다. 로마 제국의 건축물은 거대한 제국을 다스리기 위한 용도로도 활용되었다. 로마 제국에서는 시내 중심에 위치할 건축물을 설계할 때 불필요한 치장을 하지 않고 건축물마다 동일한 부분을 강조하는 통일된 방식을 활용했다. 이를 통해 도시 전체가 유기적으로 보이도록 해서 자신들의 통치력을 돋보이게 한 것이다.

로마 제국의 건축술은 마르쿠스 비트루비우스 폴리오의 《건축술에 대하여》를 통해 확인할 수 있다. '건축 10서'라는 제목으로도 알려져 있는 《건축술에 대하여》는 현대 건축가들 사이에서도 위대한 책으로 평가받고 있다. 비트루비우스는 기원전 1세기에 카이사르 밑에서 일한 군인이자 뛰어난 건축가였다.

《건축술에 대하여》는 10권으로 구성된 일종의 건축학 논문으로 도시 계획과 건축 재료부터 신전, 극장, 목욕탕 등의 건축 기술까지 건축과 관련한 거의 모든 내용을 다루고 있다. 인체의 비례에 빗대 건축물을 묘사하면서 건축물을 짓는 원리를 설명하기도 한다.

최초의 포럼, 포로 로마노 포럼은 시민들의 생활 공간이자 정치적인 논의가 이루어지던 광장으로, 고대 로마의 건축 철학을 잘 보여준다. 비트루비우스는 이상적인 포럼은 대규모 군중을 수용할 수 있지만 소규모 군중도 왜소해 보이지 않는 크기가 적당하다고 말했다.

비트루비우스는《건축술에 대하여》에서 인간의 몸을 가장 완벽한 비례의 결과물로 칭하면서 건축에서도 이러한 비례와 균형의 원리를 지켜야 한다고 말한다. 건축이란 원래 사람을 위한 공간을 창조하는 일이므로 아름다운 인체 비율을 건축물에 응용해야 한다는 것이다.

비트루비우스는 수평이 되도록 두 팔을 벌렸을 때 왼손 끝에서 오른손 끝까지의 길이가 자신의 키와 같으므로 인체에 꼭 맞는 정

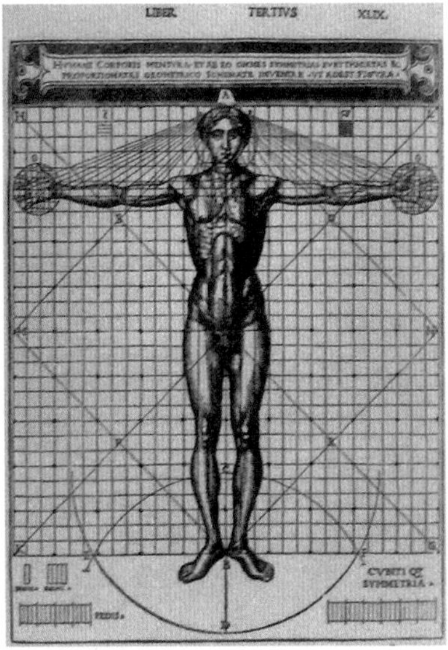

《건축술에 대하여》 도해판에 실린 체사레 체사리아노의 일러스트 〈비트루비우스의 인간〉 비트루비우스는 《건축술에 대하여》를 통해 건축물의 비례는 인체의 비례에서 따오는 것이 가장 이상적이라고 했다.

사각형을 작도할 수 있다고 믿었다. 몸의 중심을 관통하는 수직선에서 각각 키의 4분의 1 정도의 거리로 양쪽 발을 벌리고 두 팔을 뻗쳐 가운뎃손가락을 머리끝 높이까지 올리면, 배꼽을 중심으로 하는 원을 그릴 수 있다고도 했다. 또한 배꼽과 두 다리 끝의 꼭짓점을 이으면 이등변 삼각형이 된다고 설명했다.

로마의 숫자

로마 시대에는 거대한 영토를 측량하고 세금을 거두기 위한 빠르고 정확한 계산을 중요하게 여겼다. 그래서 숫자 역시 기록만을 목적으로 해서 5진법과 10진법을 함께 사용하는 방식이 개발되었다. 로마의 숫자 체계는 기원전 900년에서 기원전 800년경 사이 처음 등장한 것으로 추측된다.

인도-아라비아 숫자	1	5	10	50	100	500	1000
로마 숫자	I	V	X	L	C	D	M
만들어진 원리	 막대기 모양	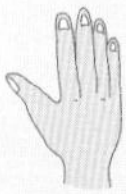 엄지를 편 모양	V를 2개 합친 모양		100을 뜻하는 라틴어 'centum'의 첫 글자		1000을 뜻하는 라틴어 'mile'의 첫 글자

로마 사람들은 이러한 기본 숫자를 토대로 왼쪽에 적힌 숫자가 오른쪽에 적힌 숫자보다 작을 때는 오른쪽에 적힌 숫자에서 왼쪽에 적힌 숫자를 빼고, 반대의 경우에는 더하는 것으로 약속했다. 예를 들어 숫자 4는 로마 숫자로 IIII 또는 IV라고 나타냈다.

IIII: 1 + 1 + 1 + 1 = 4

IV: 5 - 1 = 4

조금 더 큰 수를 로마 숫자로 나타내보자. 1943을 덧셈 방법과 뺄셈 방법으로 나타내면 다음과 같다.

덧셈 방법

1943=MDCCCCXXXXIII

1943=1000+500+100+100+100+100+10+10+10+10+1+1+1

뺄셈 방법

1943=MCMXLIIV

1943=1000+(1000-100)+(50-10)+(5-2)

로마 숫자는 표기 자체도 복잡할뿐더러 덧셈과 뺄셈 같은 계산 과정도 효율적이지 않았다. 이 때문에 로마의 측량관이나 상인처럼 계산을 많이 하는 사람들은 로마 숫자로 빨리 계산하기 위해 오늘날

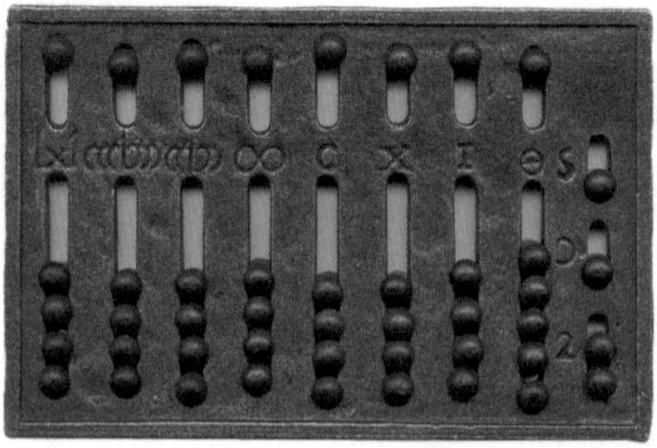

로마의 휴대용 선수판 로마에서 사용된 선수판은 판자 위에 여러 개의 줄을 긋고, 그 줄 위에 바둑돌을 놓아 계산하는 방식이었다. 줄은 자릿수를 나타내는데, 한 줄 위에 바둑돌을 여러 개 놓을 수 있다는 점이 오늘날의 주판과 달랐다.

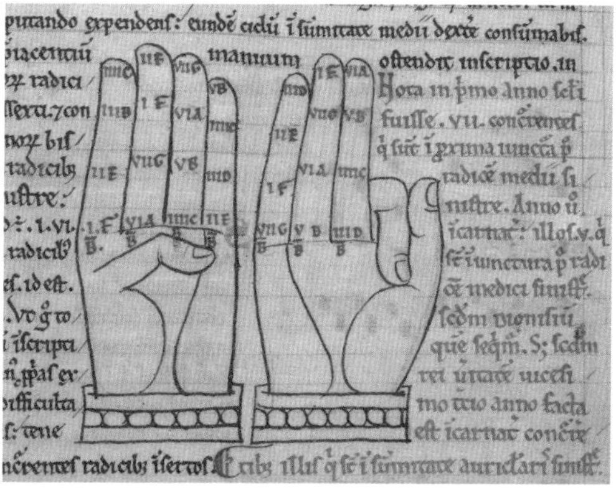

날짜를 계산하고 별을 연구하는 데 필요한 계산법을 알려주는 책에 제시된 손가락 계산법. 11~12세기에 출간된 것으로 추정된다.

주판과 비슷한 '선수판(line abacus)'이라고 하는 계산판을 가지고 다녀야 했다. 선수판은 판자 위에 여러 개의 줄을 긋고 그 줄 위에 바둑돌을 올려놓아 계산하는 도구인데, 바둑돌을 올려놓는 줄은 자릿수를 나타냈다. 즉, 1의 자리에 바둑돌이 2개면 2, X의 자리에 바둑돌이 2개면 20을 의미한다.

또한 고대 로마인들은 미리 곱셈 결과를 계산해 적어놓은 곱셈표를 사용하거나 손가락을 이용한 계산 방법을 개발해 사칙연산을 했다.

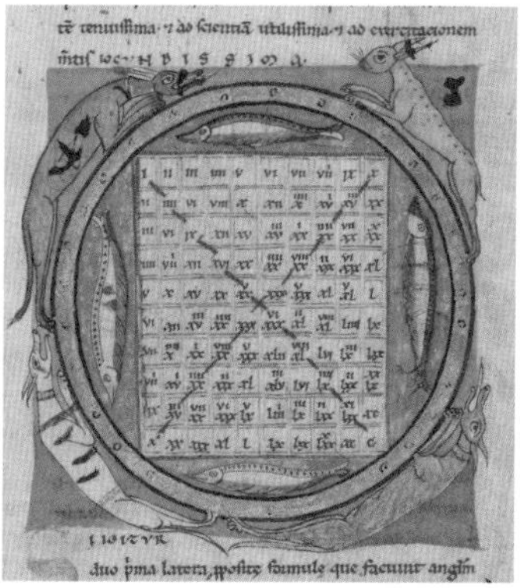

로마 최초의 철학자로 알려진 보에티우스가 집필한 *De arithmetica*의 필사본. 12세기경 제작된 것으로 추정된다.

게으름뱅이의 곱셈하기

로마 숫자는 체계도 복잡할뿐더러 정확한 계산이 어려웠다. 그래서 사람들은 손가락으로 하는 간단한 곱셈법을 개발했는데, 이를 '게으름뱅이의 규칙'이라고 불렀다. 5보다 큰 수의 구구단을 외지 않더라도 곱셈을 쉽게 할 수 있었기 때문이다. 그럼 게으름뱅이의 규칙으로 6×7을 한번 계산해보자.

1. 주먹 쥔 손을 5라 생각하고 6부터는 손가락을 펴서 양손으로 곱할 두 수를 나타낸다.

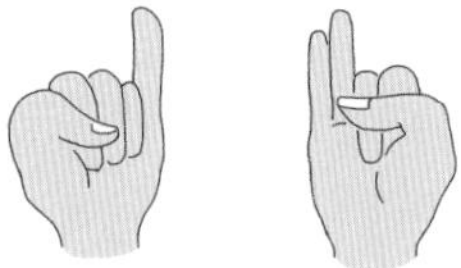

2. 접은 손가락의 수를 곱한다. $4\times3=12$

3. 편 손가락의 수를 더한 후 10을 곱한다. (편 손가락 1개당 10으로 계산한다.) $(1+2)\times10=30$

4. 계산한 값을 모두 더한다. $12+30=42$

이렇게 구한 값은 6과 7을 곱한 값과 같다. 간단한 손가락 곱셈은 6에서 9 사이 수들의 곱셈에서는 모두 적용이 된다. 여기에 어떤 수학적인 원리가 있는지 생각해보자.

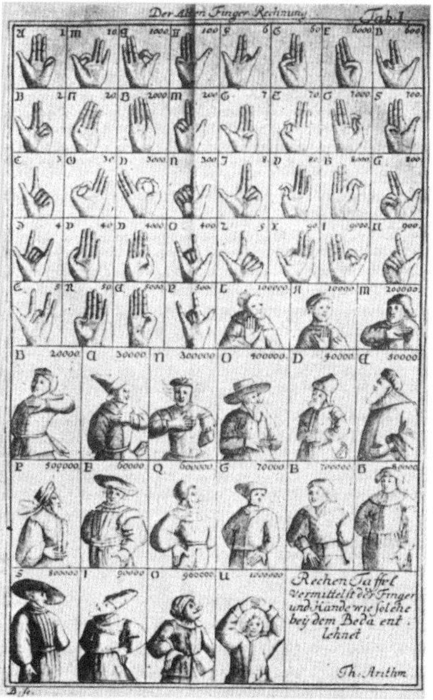

중세 유럽 서적에 남아 있는 손가락셈의 흔적
로마 사람들은 손가락셈을 이용해 간단하게 곱셈을 했다. 이는 다음 세대까지 이어 내려와 중세 유럽 서적에서도 그 흔적을 찾아볼 수 있다.

그림에서 살펴본 6과 7의 곱셈을 우리는 수학 기호를 이용해 간단하게 6×7로 나타내지만, 6=10-4, 7=10-3이므로 (10-4)×(10-3)으로 나타낼 수도 있다. 이 식을 계산하면, (10-4)×(10-3) =10×10-10×3-4×10+4×3이 된다. 이를 공통 인수인 10으로 묶어서 정리하면, 10×{10-(3+4)}+4×3이 된다. 여기서 {10-(3+4)}의 값은 3이 되는데 3은 편 손가락의 개수와 같고, 4×3(=12)은 접은 손가락 개수의 곱과 같다. 즉, 편 손가락의 수에 10을 곱한 값과 접은 손가락의 수를 곱한 값을 더하면 곱셈이 완성된다.

2

기독교와 인쇄술

기독교는
왜 수학 연구를
반대했을까?

로마 제국을 이야기할 때 빼놓을 수 없는 것이 기독교란다.

기독교는 예수 그리스도가 창시한 종교로 이슬람교, 불교와 함께 세계 3대 종교 중 하나지. 중세 시대의 로마 제국은 로마 황제와 기독교의 최고 지도자인 교황이 지배했어.

수학자들은 중세 유럽을 '수학의 암흑기'라고 표현하기도 해. 중세 유럽을 지배한 종교인 기독교에서 수학을 인정하지 않았기 때문이야. 따라서 유럽 사회에서 기독교의 힘이 강할 때는 수학적으로 주목할 만한 연구가 이루어지지 않았어.

하지만 중세 이후 유럽에서 다시 수학이 부흥하게 된 역사적 배경을 이해하기 위해서는 중세 시대의 기독교의 흥망성쇠를 알고 있어야 해. 왜 기독교 때문에 수학이 발전하지 않았는지, 그리고 고대 그리스에서 멈춰버린 논리적 수학이 유럽에서 어떻게 부활하게 되었는지 알아보자.

로마 제국과 기독교

기독교가 처음부터 로마 제국에서 환영받은 것은 아니었다. 로마 제국은 그 거대한 영토만큼이나 다양한 종교와 문화가 공존하고 있었다. 기독교 역시 초기에는 그러한 여러 종교 중 하나였다. 그러나 기독교를 믿는 사람들이 점점 늘어나면서 고대 로마 신과 황제 숭배를 거부하는 기독교인들에 대한 비난의 목소리가 커져갔다. 64년 7월 18일, 때마침 로마에 대화재가 발생했는데, 불길이 6일이나 지속되었다. 당시 황제였던 네로는 이 화재를 기독교인들의 소행이라 탓하며 기독교인들을 박해하기도 했다.

시간이 흘러 313년, 로마 황제 콘스탄티누스 1세는 밀라노 칙령을 반포해 기독교 탄압을 멈추고 기독교를 인정했다. 밀라노 칙령은 누구나 기독교를 포함한 모든 종교를 자신이 원하는 대로 자유롭게 따를 수 있다는 내용을 담고 있다.

나아가 380년, 로마 황제 테오도시우스 1세는 모든 로마 시민이 기독교를 믿어야 한다고 공표했다. 여러 가지 종교가 공존했던 당시 로마 제국에서는 종교 지도자들 사이의 갈등이 계속되고 있었고, 기독교를 믿었던 테오도시우스 1세는 이러한 싸움을 줄이고자 칙령을 발표해 기독교를 국교로 정한 것이다. 로마 제국의 황제는 기독교의 최고 지도자인 교황을 임명하고 그 권한을 결정할 수 있었다.

콘스탄티누스의 십자가

콘스탄티누스 황제는 기독교를 그리 탐탁지 않게 여겼다고 한다. 그런데 한 가지 뜻하지 않은 계기가 그의 마음을 돌려놓았다. 312년경 전쟁을 앞둔 어느 날 밤 콘스탄티누스의 꿈속에 천사가 나타났다. 천사는 황제를 깨우더니 "위를 보라"라고 말한다. 황제가 고개를 들어 올려다보니 밤하늘에 십자가가 밝은 빛을 뿜으면서 걸려 있고, 그 위에 '엔 투 토이 니카(Εν Τούτῳ Νίκα)'라는 그리스어 문구가 적혀 있었다. 이 문구는 "In Hoc Signo Vinces(이 증표 안에서 승리하리라)"라는 라틴어로 더 널리 알려져 있다. 잠에서 깬 황제는 군대의 깃발에 자신이 본 십자가를 그렸고, 다음 날 전쟁에서 크게 이기게 된다.

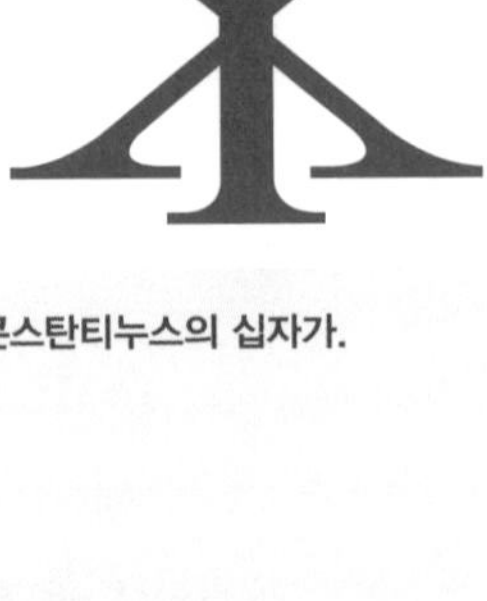

콘스탄티누스의 십자가.

황제가 본 십자가는 그리스 알파벳 중 '카이(X)'와 '로(P)'가 합쳐진 모양으로, 카이와 로는 그리스 알파벳으로 '그리스도(예수)'란 단어를 쓸 때 앞의 두 글자다. 이 사실을 확인한 황제는 예수의 힘으로 전쟁에서 이겼다고 생각해 밀라노 칙령을 통해 기독교를 인정하고, 기독교인에 대한 박해를 멈

추게 한 것이다. 황제가 실제로 꿈에서 십자가를 보았는지는 알 수 없다. 그러나 황제가 신의 선택을 받았다는 사실을 공표하는 것은 왕의 권한을 강화하는 데 큰 도움이 되었다.

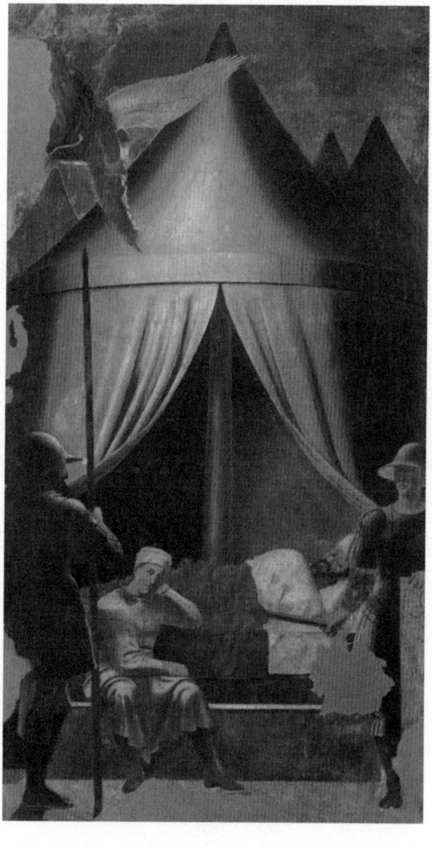

피에로 델라 프란체스카, 〈콘스탄티누스 황제의 꿈〉(1460)
잠들어 있는 콘스탄티누스 황제 위로 천사가 나타난다. 아레초의 성프란체스코 성당에 벽화로 그려져 있다.

이후 기독교의 힘은 점점 강해져 기독교의 최고 지도자인 교황은 황제만큼의, 아니 황제 이상의 막강한 권한을 가지게 되었다. 당시 기독교는 자연 현상이 하느님의 뜻이라 생각했고, 이를 수학·과학적으로 분석하려는 노력이 기독교 정신에 위배되는 것이라 여겼다. 이로 인해 수많은 수학자, 과학자가 처형당하기도 했다. 중세 유럽에서 수학 공부가 허락된 유일한 집단은 기독교 수도승들이었다. 교회의 재정을 관리하기 위해서였는데, 그들은 로마에서 사용하던 주판을 이용한 간단한 계산을 담당했다.

악마로 불린 수학자

기독교가 지배했던 중세 유럽에서도 연구를 멈추지 않은 수학자가 있었다. 고대 그리스어로 적힌 유클리드의 《원론》을 라틴어로 번역한 프랑스의 제르베르 도리야크(946~1003)가 대표적이다. 제르베르는 교황에까지 올라 실베스테르 2세(999~1003년 재위)로 불리게 된다.

당대의 뛰어난 수학자였던 제르베르는 0에 대해 연구했을 뿐 아니라 셈판, 시계, 오르간 등을 만들기도 했다. 점성술과 산술, 기하학 등 다양한 분야를 연구했던 제르베르는 고대 그리스어로 쓰인 유클리드의 《원론》을 라틴어로 번역했으며, 그리스와 아라비아의 수학 서적들을 연구했다.

제르베르는 이등변 삼각형의 넓이를 구하는 원리를 정리했고, 천문학 관측을 위한 천구의와 혼천의를 만들기도 했다. 지구가 둥글다는 사실을 알고 있었던 것으로 추정되며, 악기의 성질과 원리를 밝혔다. 그뿐만 아니라 제르베르는 아라비아 숫자와 덧셈, 뺄셈, 곱셈, 나눗셈의 원리를 적용한 주판을 만들어냈다. 물론 고대 로마 시대에도 주판은 있었으나 아라비아 숫자를 이용한 주판은 유럽에서 제르베르가 최초로 만들었다.

제르베르의 주판.

제르베르가 만든 주판을 살펴보면 1과 8 이외의 숫자들은 지금 우리가 사용하는 인도-아라비아 숫자의 모양과 다르게 보인다. 그러나 각 숫자를 조금씩 회전해 보면 지금의 숫자들과 유사하다는 것을 알 수 있다.

그러나 제르베르의 후임 교황들은 다시 수학과 과학을 신의 섭리를 거스르는 활동으로 여겼다. 이에 제르베르는 아라비아에서 가

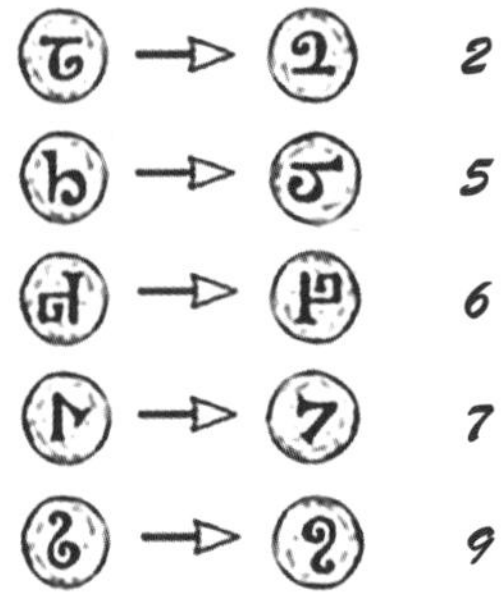

져온 수학과 과학을 거룩한 유럽에 퍼뜨린 죄로 부정한 주술사이자 악마 숭배자로 낙인찍히기도 했다. 교황을 중심으로 한 유럽 사회는 고대 그리스와 아라비아의 서적들을 모아 번역하기는커녕 번역되어 있던 서적까지 훼손했다. 제르베르가 이룩했던 수학과 과학의 업적은 이후 중세 시대가 끝날 때까지 몇 백 년 동안 유럽 사회에서 잊혔다.

악마에게 영혼을 파는 제르베르를 묘사한 1460년경의 그림.

기독교의 쇠락

중세 사회를 지배했던 기독교는 십자군 전쟁의 실패와 면죄부 판매 등에 대한 반발로 그 힘을 잃어가게 된다. 우선 십자군 전쟁은 레반트 지역의 지배권을 놓고 교회의 공인을 받은 원정대와 이슬람 군대 사이에 벌어진 종교 전쟁이다. 각국에서 파견된 군대가 십자군이라는 이름으로 이슬람 군대와 전쟁을 벌였지만, 십자군 원정은 실패하게 되고 이로 인해 교황은 점점 힘을 잃게 된다.

더불어 면죄부 판매로 인해 기독교에 대한 사람들의 반발심이 커

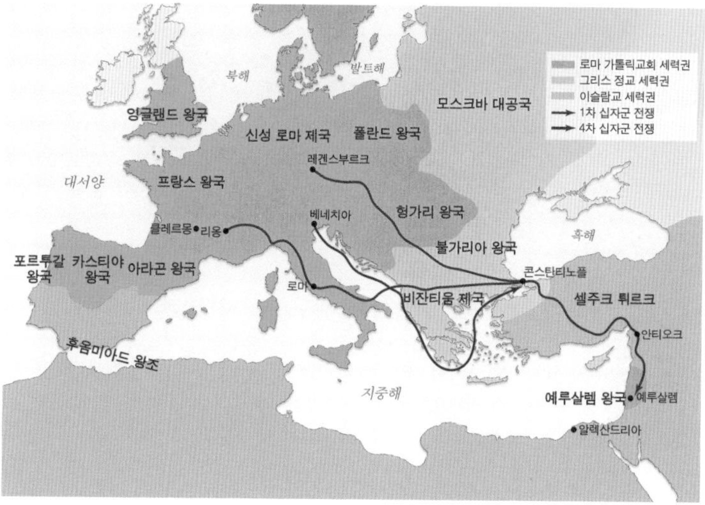

십자군 전쟁 경로.

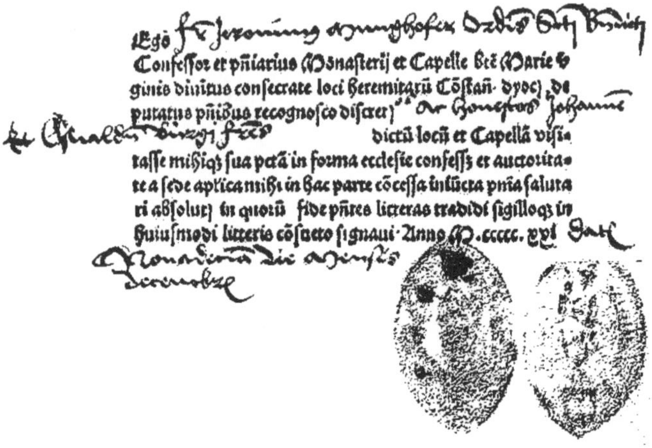
Ego
Confessor et pniarius Monasterij et Capelle btē Marie virginis diuinitus consecrate loci heremitarū Cōstan· dyoc· deputatus pniibus recognosco discret
dictū locū et Capellā visitasse mihiqz sua pctā in forma ecclesie confessz et auctoritate a sede aplica mihi in hac parte cōcessa iniūcta pnia salutari absolutz In quorū fide pñtes litteras tradidi sigilloqz huiusmodi litteris cōsueto signaui· Anno M.ccccc. xxi

1521년 제작된 로마 교황청의 면죄부.

졌다. 1513년 교황 레오 10세는 로마에 있는 성베드로 성당을 짓는 데 필요한 비용을 충당하기 위해 면죄부를 판매했다. 면죄부란 교회가 발행하는, 죄를 사해주는 문서로 원래는 자선을 베푸는 등 선행한 사람들의 가벼운 죄를 면제해주기 위해 만들어졌다. 그러나 레오 10세는 돈을 낸 사람이면 누구나 면죄부를 살 수 있게 만들었다. 유럽 전역에서 면죄부를 판매하는 데에는 15세기 독일의 인쇄업자 요하네스 구텐베르크가 발명한 활판 인쇄술의 도움이 컸다.

구텐베르크의 인쇄술

14세기까지 유럽에서는 책을 만들 때 양피지와 독피지를 사용했다. 양피지는 양의 가죽, 독피지는 소의 가죽을 얇게 펴서 종이를 대신해 사용한 것이다. 강변에서 자라는 풀을 이용해 만드는 이집트의 파피루스가 습기에 의해 쉽게 손상되었던 반면 양피지와 독피지는 질기고 오래 사용할 수 있다는 장점이 있었다. 그러나 양피지와 독피지는 가격이 비쌌다. 가축 1마리에서 양피지를 4장밖에 얻을 수 없었으므로, 《성경》 1권을 만들려면 200~300마리의 양이나 송아지가 필요했기 때문이다. 게다가 인쇄술의 발명 이전에는 1200쪽짜리 책 1권을 제작하려면 필경사 2명이 꼬박 5년이나 매달려 일일이 글자를 써야 했다.

구텐베르크가 활동하던 당시는 중국에서 발명한 종이가 유럽에 수입된 시기였다. 종이 덕분에 책값이 많이 내렸고, 자연스럽게 책에 대한 수요가 많아졌다. 구텐베르크는 이러한 상황 속에서 1450년께 활판 인쇄술을 발명했고, 이에 힘입어 면죄부가 대량 생산되었다. 1455년에는 《성경》을 대량으로 생산하는 데 성공한다. 구텐베르크의 인쇄술은 세계의 역사를 바꾼 발명으로 일컬어진다.

중국에서 발명한 종이는 어떻게 유럽에 전파되었을까?

제지술은 751년 탈라스 전투를 통해 유럽으로 전파된다. 고구려 유민 출신 고선지 장군이 이끄는 당나라군을 주축으로 한 동맹군과 동진을 거듭하던 아랍군이 지금의 키르기스스탄과 카자흐스탄의 접경 지역인 탈라스 평원에서 맞붙었다. 탈라스 전투는 역사상 처음으로 이루어진 동양과 서양 간의 전쟁이다.

당시 당나라 땅이었던 지금의 중앙아시아 일대를 아랍 세력이 점령하자 당 조정은 고선지 장군에게 이를 되찾아오도록 지시한다. 668년 당나라군은 고구려를 멸망시키고 많은 고구려인을 포로로 잡아갔는데, 고선지는 고구려 포로의 아들이었다. 10만 명의 아랍군에 단 2만 4000명으로 대항했던 고선지는 결국 전투에서 패한다. 승리한 아랍군은 많은 사람을 포로로 잡아가는데, 그중 종이를 만드는 제지 기술자들이 포함되어 있었다. 이 포로들은 지금의 우즈베키스탄 사마르칸트로 끌려가 생활하게 된다. 이곳에서 제지 기술자들이 만든 종이가 '사마르칸트지'다. 사마르칸트지는 면화 나무를 이용한 마지(麻紙)였는데, 당시 사마르칸트를 끼고 흐르는 시압강 유역에 300곳의 제지 공장이 세워졌다. 여기서 질 좋은 사마르칸트지를 대량 생산한 것으로 알려져 있다.

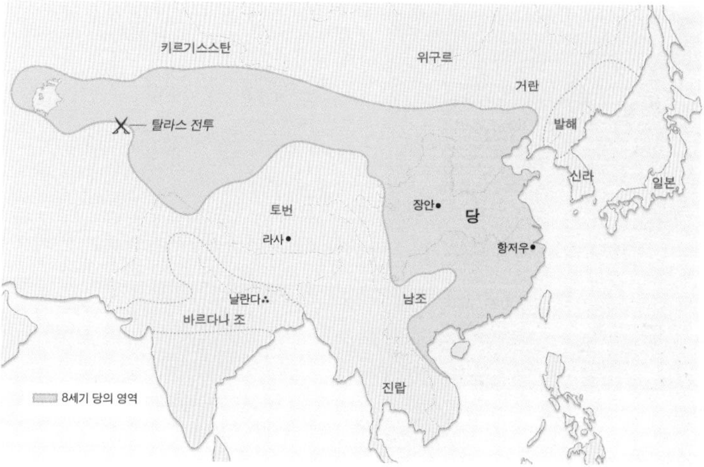

당나라와 이슬람 제국이 격돌했던 탈라스 전투.

탈라스 전투를 계기로 중앙아시아로 전파된 종이 만드는 기술은 8세기 말경부터 11세기 말경에 이라크 바그다드까지 건너가게 된다. 90년경 이집트 알렉산드리아에 이어 1100년 모로코 페스에도 종이 공장이 들어서게 된다. 제지술이 유럽의 스페인과 프랑스, 이탈리아, 독일과 영국까지 전파된 것은 12세기 중반 이후다. 종이의 발명은 인쇄술의 발명으로 이어졌다. 종이에 기록하려는 수요가 급증하자 7세기 말에 목판 인쇄술, 13세기 초에 금속 활자가 발명됐다.

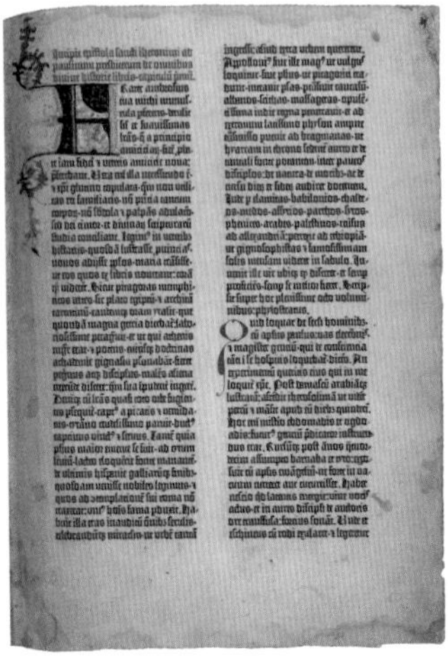

구텐베르크의 활판 인쇄술로 인쇄한 《성경》.

금속 활자와 미지수 x

구텐베르크의 인쇄술은 금속 활자를 이용한 것이다. 금속 활자를 이용해 책을 만들 때는 알파벳을 금속으로 미리 제작한 후 필요한 단어의 활자들을 조합해 인쇄에 사용한다. 예를 들어, 'apple'이라는 단어를 책에 인쇄하려면 알파벳 'a', 'p', 'l', 'e'가 새겨진 활자를 찾아 틀에 넣고 잉크를 발라 종이에 찍어내는 것이다. 금속 활자를 이용한 인쇄술은 수학의 방정식에서 미지수를 x로 나타내는 것에 영향을 주었다고 알려져 있다. 방정식에서 알지 못하는 수를 미지수라 하는데, 다음 문장에서 '어떤 수'에 해당하는 수가 바로 미지수다. '어떤 수'는 알파벳 x로 나타낸다.

어떤 수에 3을 더한 값은 8과 같다.

$$x+3=8$$

데카르트 이전에는 수학자마다 '어떤 수'를 표현하는 방법이 제각각이었다. 알파벳을 사용하는 수학자도, □, △와 같은 기호를 이용하는 수학자도 있었다. 수학자마다 사용하는 기호가 다르다보니 식을 보고 기호의 의미를 바로 알아내지 못하는 문제점이 있었다. 프랑스 수학자 르네 데카르트는 식에서 미지수를 나타낼 때는 다음과 같이 알파벳 x부터 차례로 사용할 것을 제안했고, 이후 수학자들은 이와 같은 규칙을 따르게 되었다.

어떤 수에 3을 더한 값은 8과 같다.

$$x+3=8$$

알지 못하는 서로 다른 두 수를 더한 값은 8과 같다.

$$x+y=8$$

알지 못하는 서로 다른 세 수를 더한 값은 8과 같다.

$$x+y+z=8$$

데카르트가 미지수를 나타낼 때 왜 x부터 사용했는지에 관해서는 여러 가지 추측이 있는데, 금속 활자도 하나의 이유였다고 추정된다. 프랑스어에서는 x가 많이 사용되지 않아 인쇄소에 x 활자가 많이 남았고, 데카르트가 식에 자주 등장하는 미지수를 가장 많이 남아 있는 활자 x로 표기했다는 것이다.

수의 규칙과 a

데카르트는 식에서 미지수를 나타낼 때 알파벳 x부터 사용하는 것과 별개로 일반적인 수의 규칙을 나타내고자 할 때는 알파벳의 맨 첫 글자인 a부터 순서대로 사용할 것을 제안했다. 예를 들어 '두 자연수를 나눈 몫은 분수로 나타낼 수 있다'라는 규칙을 생각해보자.

이때 $7\div8=\frac{7}{8}$이라고 쓴다면, 모든 수의 나눗셈을 분수로 나타낼 수 있는 것인지 아니면 $7\div8$만 특별히 $\frac{7}{8}$이라고 쓸 수 있는 것인지 혼동할 수 있다. 이런 혼란을 막기 위해 수의 규칙을 설명할 때에는 다음과 같이 알파벳 a부터 순서대로 알파벳을 사용한다.

규칙: 임의의 자연수 a, b에 대해 $a\div b=\frac{a}{b}$

즉, 위의 식은 'a와 b 대신에 어떤 자연수를 넣어도 $a\div b=\frac{a}{b}$라고 쓸 수 있다'라는 의미로 이해할 수 있다. 한편, 식에서 구해야 하는 미지수를 나타내거나(x, y, z) 수의 규칙을 나타내는 경우($a, b, c, d \cdots$)가 아니라면 $k, p, q \cdots$ 등 임의의 알파벳을 사용한다.

종교 개혁

금속 활자의 발명은 수학뿐 아니라 중세 시대의 종교를 개혁하는 데에도 큰 영향을 미친다. 종교 개혁은 비텐베르크 대학교의 교수였던 마르틴 루터의 〈95개조 반박문〉에서 시작된다. 1517년 마르틴 루터는 면죄부 판매를 비판하며 면죄부가 결코 죄책감을 없앨 수 없고 연옥의 영혼에게 아무런 효력을 미칠 수 없으며, 교황조차도 그런 일을 할 수 없다는 내용이 적힌 〈95개조 반박문〉을 비텐베르크 대학교 교회의 정문에 붙인다.

교황은 이와 같은 반박문에 화가 나 루터를 "주님의 포도밭에 뛰어든 멧돼지"라고 비난하며 기독교에서 그를 파문했다. 그러나 루터는 굴하지 않고 자신의 주장을 출판물로 만들어 전 세계에 알렸다. 이때 구텐베르크의 인쇄술이 중요한 역할을 하게 된다. 교회가 면죄부를 판매한 것도, 루터가 이를 비판하는 선전물을 출간한 것도 모두 구텐베르크의 발명 덕분이었던 것이다.

루터의 주장은 유럽 전역으로 퍼져나가 기독교의 문제점을 비판

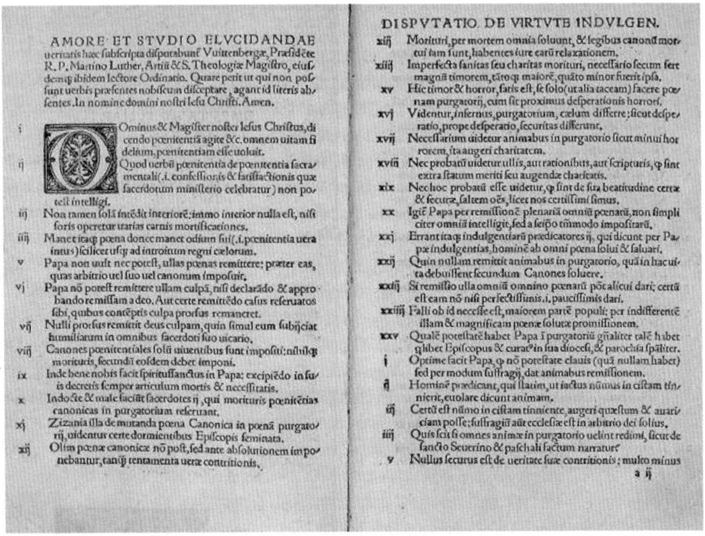

AMORE ET STVDIO ELVCIDANDAE ueritatis haec subscripta disputabunt Vuittenbergae, Praesidēte R. P. Martino Luther, Artiū & S. Theologiae Magistro, eiusdemq; ibidem lectore Ordinario. Quare petit ut qui non possunt uerbis praesentes nobiscum disceptare, agant id literis absentes. In nomine domini nostri Iesu Christi. Amen.

i Dominus & Magister noster Iesus Christus, dicendo poenitentiā agite &c. omnem uitam fidelium, poenitentiam esse uoluit.

ij Quod uerbū poenitentia de poenitentia sacramentali (.i. confessionis & satisfactionis quae sacerdotum ministerio celebratur) non potest intelligi.

iij Non tamen solā intēdit interiorē; immo interior nulla est, nisi foris operetur uarias carnis mortificationes.

iiij Manet itaq; poena donec manet odium sui (.i. poenitentia uera intus) scilicet usq; ad introitum regni caelorum.

v Papa non uult nec potest, ullas poenas remittere: praeter eas, quas arbitrio uel suo uel canonum imposuit.

vj Papa nō potest remittere ullam culpā, nisi declarādo & approbando remissam a deo. Aut certe remittēdo casus reseruatos sibi, quibus contēptis culpa prorsus remaneret.

vij Nulli prorsus remittit deus culpam, quin simul eum subijciat humiliatum in omnibus sacerdoti suo uicario.

viij Canones poenitentiales solū uiuentibus sunt impositi; nihilq; morituris, secundū eosdem debet imponi.

ix Inde bene nobis facit spiritussanctus in Papa: excipiēdo in suis decretis semper articulum mortis & necessitatis.

x Indocte & male faciūt sacerdotes ij, qui morituris poenitētias canonicas in purgatorium reseruant.

xj Zizania illa de mutanda poena Canonica in poenā purgatorij, uidentur certe dormientibus Episcopis seminata.

xij Olim poenae canonicae nō post, sed ante absolutionem imponebantur, tanq; tentamenta uerae contritionis.

DISPVTATIO DE VIRTVTE INDVLGEN.

xiij Morituri, per mortem omnia soluunt, & legibus canonū mortui iam sunt, habentes iure earū relaxationem.

xiiij Imperfecta sanitas seu charitas morituri, necessario secum fert magnū timorem, tantoq; maiorē, quāto minor fuerit ipsa.

xv Hic timor & horror, satis est, se solo (ut alia taceam) facere poenam purgatorij, cum sit proximus desperationis horrori.

xvj Videntur, infernus, purgatorium, caelum differre: sicut desperatio, prope desperatio, securitas differunt.

xvij Necessarium uidetur animabus in purgatorio sicut minui horrorem, ita augeri charitatem.

xviij Nec probatū uidetur ullis, aut rationibus, aut scripturis, q; sint extra statum meriti seu augendae charitatis.

xix Nec hoc probatū esse uidetur, q; sint de sua beatitudine certae & securae, saltem oēs, licet nos certissimi simus.

xx Igit̄ Papa per remissionē plenariā omniū poenarū, non simpliciter omniū intelligit, sed a seipso tm̄modo impositarū.

xxj Errant itaq; indulgentiarū praedicatores ij, qui dicunt per Papae indulgentias, hominē ab omni poena solui & saluari.

xxij Quin nullam remittit animabus in purgatorio, quā in hac uita debuissent secundum Canones soluere.

xxiij Si remissio ulla omniū omnino poenarū pōt alicui dari: certū est eam nō nisi perfectissimis, i. paucissimis dari.

xxiiij Falli ob id necesse est, maiorem partē populi: per indifferentē illam & magnificam poenae solutae promissionem.

xxv Qualē potestatē habet Papa ī purgatoriū gn̄aliter talē habet qlibet Episcopus & curat' in sua diocesi, & parochia spāliter.

i Optime facit Papa, q; nō potestate clauis (quā nullam habet) sed per modum suffragij, dat animabus remissionem.

ij Hominē praedicant, qui statim, ut iactus nūmus in cistam tinnierit, euolare dicunt animam.

iij Certū est nūmo in cistam tinniente, augeri quaestum & auariciam posse: suffragiū aūt ecclesiae est in arbitrio dei solius.

iiij Quis scit si omnes animae in purgatorio uelint redimi, sicut de sancto Seuerino & paschali factum narratur?

v Nullus securus est de ueritate suae contritionis; multo minus

a ij

마르틴 루터의 〈95개조 반박문〉.

하고 이를 개선하려는 종교 개혁으로 이어진다. 이로 인해 기존의 로마 가톨릭교회에 반대하는 개신교(프로테스탄스)가 탄생하고 로마 교회의 권위는 무너지게 된다.

중세를 지배한 기독교의 위상이 떨어진 것은 수학과 과학의 발전에는 중요한 계기가 된다. 자연의 원리를 신의 뜻으로 보고 이에 대한 탐구를 엄격하게 금지했던 중세 시대에서 벗어난 것이다. 예를 들어, 갈릴레오 갈릴레이는 1543년 《천구 회전에 관하여》라는 책을 통해 태양이 지구 주위를 도는 것이 아니라 지구가 태양 주위를 공전한다는 태양 중심설을 주장한다. 로마 교회는 갈릴레이의 주장을 인정하지 않았고, 신을 모독한 죄로 그를 재판에 부쳤다. 갈릴레이는 재판에서 자신의 망원경 관측 결과를 토대로,《성경》의 말씀이 실제 자연 현상과 완전히 일치할 필요는 없다고 주장했다. 갈릴레이의 이러한 모습은 당시의 지식인들이 로마 교회와《성경》에서 벗어나 자연 그대로를 탐구하기 시작했으며, 이를 제지하는 로마 교회의 힘이 약해지고 있다는 것을 나타냈다.

수학 서적의 증가

인쇄술이 대중화되기 전에 수학자들은 연구한 내용을 지금과 같이 논문으로 발표하는 것이 아니라 개인적인 만남이나 편지를 통해 공유했다. 따라서 이 시기에 등장한 수학 개념과 용어들은 누가 제일 먼저, 그리고 어떠한 과정으로 찾아내게 되었는지를 알 수 없는 경우가 많다.

예를 들어, 네 각의 크기가 모두 직각인 직사각형을 나타내는 단어 'rectangle'은 1550년대부터 사용한 것으로 추측된다. 이 단어는 직각을 의미하는 라틴어 'rectus'와 각도를 의미하는 라틴어 'angulus'를 합쳐서 만든 단어다. 하지만 'rectangle'이라는 단어를 누가 처음 사용했는지 그 기록은 아직 찾지 못하고 있다.

네 각이 모두 직각이며 네 변의 길이가 모두 같은 정사각형을

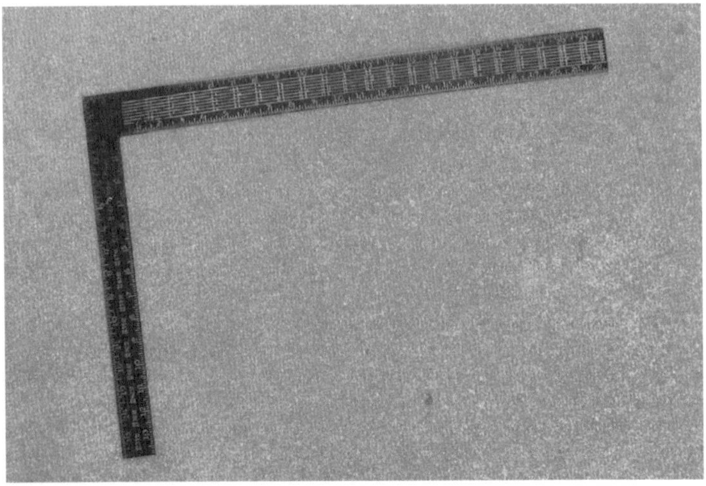

중세 유럽에서 사용하던 도구 스퀘어.

나타내는 단어 'square'도 마찬가지로 그 유래가 명확하지 않다. 13세기까지 유럽에서 '스퀘어(square)'는 직각을 측정하는 도구를 지칭하다가, 1550년대에 들어서야 정사각형을 의미하게 되었다. 1550년대 이전에는 정사각형을 'feower-scyte'라고 했는데, 이는 '줄다'라는 의미를 가진 'feower'와 '공간, 지역'이라는 뜻의 단어 'scyte'를 합쳐 만든 단어로 '줄어든 공간, 좁은 공간'이라고 이해할 수 있다.

그러다 인쇄술이 보편화된 16세기부터 다양한 책이 저렴한 가격으로 대량 생산되면서 수학 책의 종수가 대폭 증가했다. 수학·과학의 암흑기였던 중세 시대의 영향으로 이 시기의 책은 고대 그리스어로 적힌 그리스 수학 책, 아라비아 서적의 번역서가 주를 이룬다. 이러한 책들은 수학적으로 새롭기보다는 기존의 수학 개념들을 정리한 내용이 주를 이루는데, 고대와 중세의 수학을 정리하고 근대 수학으로 나아가는 밑거름이 되었다. 이러한 변화는 로마를 넘어 유럽 전역에서 나타나게 된다.

3

인도-아라비아 숫자와 피보나치수열

중세 유럽은 어떻게
인도-아라비아의
수학을 받아들였을까?

2x+13=25

〈신드바드의 모험〉이라는 이야기를 들어보았니?

〈신드바드의 모험〉은 신드바드가 항해하면서 겪는 신기하고 재미있는 모험을 그린 이야기란다. 그런데 사실 이 이야기는 《아라비안나이트》라는 책에 등장하는 많은 이야기 가운데 하나야. 이 책에는 주요 이야기만 해도 180편, 거기에 100여 편의 짧은 이야기까지 곁들여 있어.

이 수많은 모험과 항해 이야기는 당시 아라비아 사람들의 새로운 문화에 대한 열망과 탐험 기질, 그리고 다른 문화와 쉽게 융합하는 그들의 습성을 잘 보여주고 있어. 이렇듯 다른 문화를 포용하고 발전시켰던 아라비아 사람들은 수학 역시 다양한 나라에서 받아들여 더욱 발전시킬 수 있었단다. 또한 당대의 훌륭한 왕들은 학문의 후원자로서 뛰어난 학자들을 궁으로 초대했어. 왕들의 이런 지원에 힘입어 천문학과 의학, 수학 등에 관한 인도와 그리스의 많은 책이 아라비아어로 번역되었어. 그 덕분에 기독교와 로마의 영향력이 약해지고, 인쇄술의 발명으로 유럽 학자들은 그것을 라틴어와 그 밖의 다른 언어로 번역할 수 있었지. 아라비아 학자들이 없었다면 암흑의 중세 시대를 거치는 동안 그리스와 인도 수학이 사람들의 기억에서 잊히고 말았을 거야.

그리스 수학을 부활시킨 아라비아, 이를 다시 받아들인 유럽의 이야기 속으로 떠나보자.

그리스 수학의 명맥을 이어간 아라비아

로마에서는 대형 건축물의 설계나 그것의 작도, 측량 등 실용적인 영역에서만 수학이 발전했다. 또 기독교의 영향으로 고대 그리스에서 발달한 논리성, 추상성을 강조하는 수학은 거의 찾아볼 수 없었다. 이렇듯 수학의 발전이 지체되는 동안 고대 그리스의 수학은 아라비아에서 부활한 뒤 유럽으로 전파되었다.

서아시아에 위치한 거대한 장화 모양의 반도를 아라비아반도라고 하는데, 아라비아반도 일대를 묶어 아라비아라고 한다. 아라비아를 줄여 아랍이라고도 한다.

아라비아반도 아시아 서남부에 있는 세계 최대의 반도.

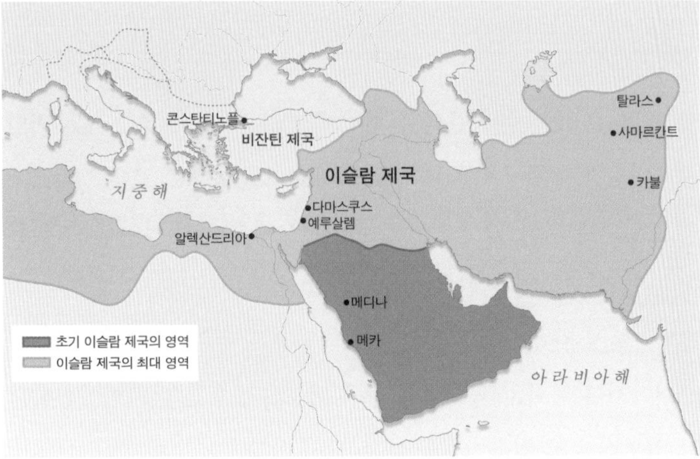

이슬람 세력의 확대.

그렇다면 아라비아에서는 어떻게 그리스의 수학이 발전했을까? 7세기 초 마호메트는 메디나 주변 국가들을 정복해 아라비아반도에 이슬람 제국을 건설했다. 이슬람 제국의 왕들은 국가 통치를 위해 학문을 장려했는데, 특히 9세기부터 12세기까지를 이슬람의 황금시대라고 한다. 이 시기에 이슬람 제국은 그들의 전통문화를 토대로 그리스·로마의 고전 문화나 페르시아·인도 등의 여러 문화를 받아들였다. 이 시기의 이슬람 제국의 학문과 문화의 발달은 중세 및 르네상스기의 유럽 문화에 결정적인 영향을 미친다.

이슬람의 황금시대에는 고대 그리스어로 적힌 서적들의 번역이 적극적으로 진행되었고 철학·수학·과학의 연구가 발달했다. 특히

813년부터 833년까지 이슬람 제국을 통치했던 알마문이 수도인 바그다드에 번역 전문 기관인 '지혜의 집'을 세워 그리스어 서적의 수집 및 번역을 장려하면서 아라비아 문화는 더욱 융성해졌다. 이때 서적의 수집과 번역에 참여한 사람은 아랍인보다도 오히려 다른 민족 사람이 많았으며, 특히 페르시아인의 역할이 컸다. 당시 아라비아에서 새롭게 발전된 이론은 거의 없었지만 유클리드의 《원론》처럼 유실된 그리스 시대의 서적들을 다시 발굴하고 이를 연구하는 분위기가 형성되었다. 이후 지혜의 집은 고대 그리스 철학과 유럽 과학 발전의 다리와도 같은 역할을 했다. 뉴턴, 코페르니쿠스 등 유럽의 과학 혁명이 일어날 수 있었던 이유도 아랍어로 번역된 고대 그리스 철학자들의 도서들이 남아 있었기 때문이다.

지혜의 집에서 공부하는 학생들을 그린 12세기의 그림.

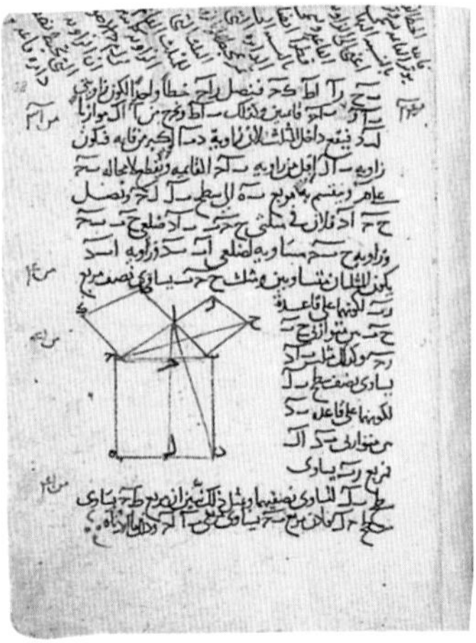

《원론》의 아라비아어 필사본 《원론》은 유클리드가 쓴 13권으로 된 수학서로 《기하학 원본》이라고도 한다. 근세에 여러 언어로 번역되어 교과서로 쓰이기도 했다.

대수학의 아버지, 알-콰리즈미

지혜의 집에서 다양한 분야의 학자들이 번역과 연구를 진행했는데, 알-콰리즈미(780?~850?)도 그곳에서 연구한 수학자 중 한 명이었다. 인도의 숫자 체계와 방정식의 풀이 방법을 아랍 세계와 유럽으로 확산시킨 알-콰리즈미는 대수학의 아버지라고 불리기도 한다.

825년 알-콰리즈미는 인도의 10진법과 그 계산 방법을 설명하는《인도 수학에 의한 계산법》이라는 책을 집필했다. 이후 이 책은 인도-아라비아 숫자 체계가 중동과 유럽에 퍼지는 데 주요한 역할을 하게 된다.

알-콰리즈미 동상 알-콰리즈미는 천칭의 원리를 이용해 방정식의 체계적인 풀이 방법을 소개했다. 그는 당대 수학 분야에서 아라비아 최고의 학자였다.

그뿐만 아니라 알-콰리즈미는 다양한 2차 방정식의 일반적인 해법을 소개한 《대수학》을 펴냈다. 이 책에서 알-콰리즈미는 방정식 풀이에 양팔 저울의 원리를 이용했는데, 수평을 이루고 있는 양팔 저울의 양쪽에 같은 양을 더하거나 빼도, 곱하거나 나누어도 양쪽의 무게가 늘 똑같고 수평을 유지한다는 점에 주목했다. 알-콰리즈미는 이 원리를 다음과 같이 방정식에 이용했다.

$$2x+15=25$$

'='를 중심으로 양쪽 항의 값은 같다.

$$2x+15-15=25-15$$

'='를 중심으로 양쪽 항에서 같은 값을 빼도 여전히 양쪽 항이 나타내는 값은 같다.

▼

$$2x=10$$

$$2x \div 2=10 \div 2$$

'='를 중심으로 양쪽 항을 같은 값으로 나누어도 여전히 양쪽 항이 나타내는 값은 같다.

▼

$$x=5$$

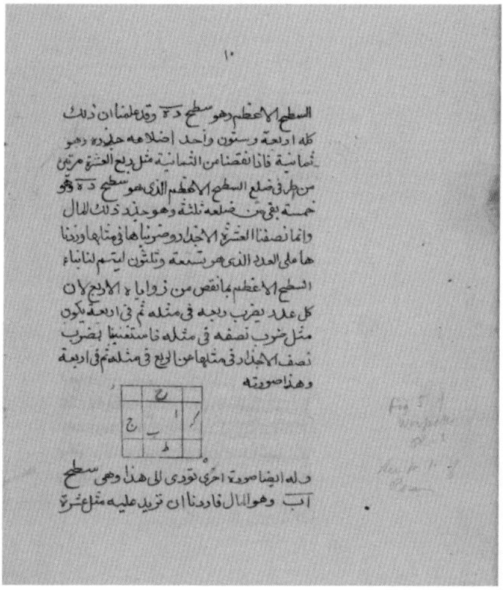

《대수학》 **'대수학'이라는 용어는 알-콰리즈미가 쓴 이 책에서 유래한 것이다. 원래의 제목은 '방정식의 해법'이라는 뜻이었으나, 라틴어로 번역되는 과정에서 원제 중 일부분만이 남아 현재의 명칭이 되었다.**

양변에 똑같은 수를 더하거나 빼도 등식이 성립한다는 사실을 이용한 알-콰리즈미의 이러한 풀이 방법을 '이항법'이라고 한다. 이 방법을 사용하면 방정식의 해를 어림짐작하고 일일이 대입해보는 번거로운 계산을 반복하지 않아도 쉽게 방정식을 풀 수 있었다.

12세기경 체스터의 로버트가 《대수학》을 '알-콰리즈미의 인도 숫자'라는 제목의 라틴어로 번역했는데, 이 과정에서 알-콰리즈미라는 이름이 '알고리즈미(Algoritmi)'로 표기된다. 이후 이를 다시 영어로 번역하는 과정에서 '알고리즘'으로 기록되었고, 여기서 수학 문제를 해결하기 위한 계산 과정, 나아가 수학 공식 등을 뜻하는 알고리즘이라는 단어가 유래했다.

번역의 세기

실용적인 수학을 중시한 로마 제국의 풍토와 기독교의 영향으로 인해 수학을 발전시키지 못한 유럽은 인도-아라비아에서 발전한 수학을 받아들이게 되었다. 당시 이탈리아의 상업 중심지인 제노바와 피사, 베네치아, 밀라노, 피렌체 등이 아라비아와 통상 관계를 맺고 있어서 이탈리아에서는 아라비아 수학의 유용한 기초 지식을 수집할 수 있었다.

이러한 분위기 속에서 과거 잊혔던 수학 서적들이 라틴어로 번역되고, 많은 수학자가 이를 학습 서적으로 활용하게 되었다. 물론 이는 인쇄술의 발명으로 인한 책의 대중화를 바탕으로 한 것이다. 이러한 시대적 배경 때문에 수학사에서는 1100년대를 '번역의 세기'라고 지칭한다.

인도-아라비아 숫자를 유럽에 소개한 피보나치

알-콰리즈미의 책을 유럽에 직접 소개한 수학자는 레오나르도 피보나치(1170~1250?)다. 재능 있는 수학자였던 피보나치는 이탈리아의 상업 중심지이자 피사의 사탑으로도 유명한 피사에서 태어났다. 피보나치는 어렸을 때부터 아버지를 따라 다니며 상업을 배우

피사의 두오모 박물관에 있는 피보나치의 석상과 그가 저술한 《산반서》 상인의 아들로 태어난 피보나치는 아라비아의 산술에 크게 감명받아, 1202년 인도-아라비아의 산술을 소개하는 《산반서》를 썼다.

면서 자연스럽게 셈하는 방법도 터득했다. 그는 상인단과 함께 이집트, 시칠리아, 그리스, 시리아 등지를 여행하면서 아라비아 수학을 배웠고, 인도-아라비아 숫자와 계산법이 실용적으로 더 뛰어나다고 확신하게 되었다.

1202년 고향으로 돌아온 피보나치는 《산반서》라는 책을 썼다. 15장으로 구성된 이 책은 인도-아라비아 숫자를 읽고 쓰는 방법, 정수와 분수를 계산하는 방법, 제곱근과 세제곱근을 이해하는 방법 등을 여러 수학 문제와 함께 설명하고 있다. 《산반서》는 인도-아라비아 숫자를 유럽에 소개하고, 사용하기 어려웠던 로마 숫자를 인도-아라비아 숫자로 바꾸는 데 큰 역할을 했다.

이 책 1장의 첫 부분에는 "인도의 9개의 숫자는 9, 8, 7, 6, 5, 4, 3, 2, 1이다. 이 9개의 숫자는 0과 함께 어떤 숫자라도 나타낼 수 있다"라고 쓰여 있다. 아라비아 사람들이 문자를 오른쪽에서 왼쪽으로 썼기 때문에 피보나치가 이를 따라 숫자를 거꾸로 쓴 것이다. 분수의 경우에도 $3\frac{1}{4}$이라고 쓰지 않고 $\frac{1}{4}3$이라고 썼다. 이 책에는 곱셈 방법도 지금과는 다르게 적혀 있다. 당시에는 곱셈 문제를 풀 때 위에서 아래로 푸는 것이 아니라 아래에서 위로 문제를 풀었다. 또한 이 시기에는 ×, ÷와 같은 수학 기호가 없었기 때문에 문제에 곱셈을 표시하는 기호가 등장하지 않는다.

피보나치수열의 발명

《산반서》 12~15장은 여러 가지 재미있는 수학 문제와 그 해결법, 응용 문제들로 구성되어 있다. 이후 수백 년 동안 많은 수학자가 이 문제들을 참고했다. 그중 '피보나치수열'이라고 불리는 다음 문제가 유명하다.

어른 토끼 한 쌍이 있다. 어른 토끼 한 쌍은 매달 한 쌍의 토끼를 낳고,

이 토끼 한 쌍은 한 달 만에 어른 토끼가 되어 두 번째 달에는 두 쌍의 토끼가 각각 한 쌍의 토끼를 낳는다. 이런 식으로 계속해갈 때 1년 후에 한 쌍의 토끼로부터 몇 쌍의 토끼가 생기는가?

문제를 살펴보면 토끼들이 생겨나는 과정에 두 가지 규칙이 있다.

규칙 1. 한 달이 지나면 새로 태어난 한 쌍은 어른이 된다.

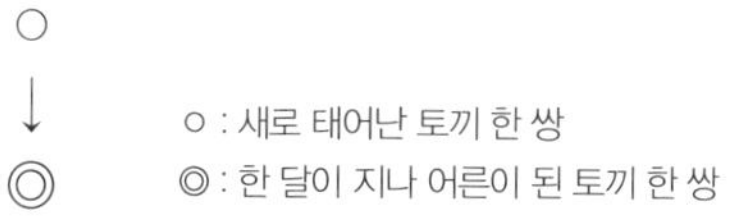

규칙 2. 어른이 된 한 쌍은 짝짓기를 해 새끼 한 쌍을 낳고, 다시 짝짓기를 한다.

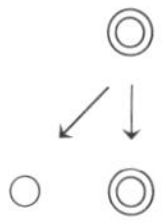

이 규칙에 따라 토끼들이 늘어나는 모습을 가계도로 그려보자. 또한 달마다 늘어나는 토끼의 수를 표로 작성해보면 다음과 같다.

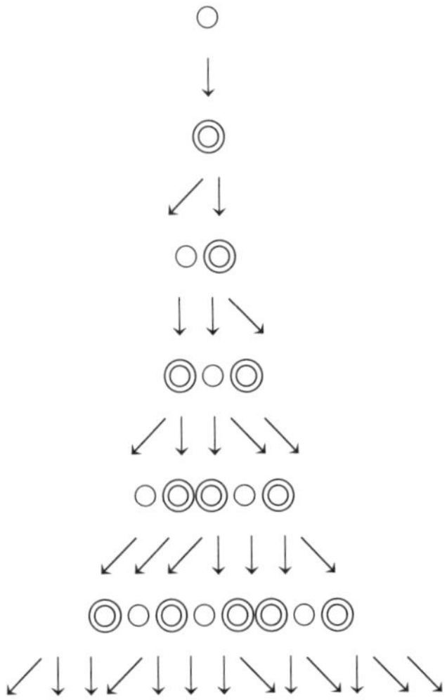

	태어난 토끼 한 쌍	어른 토끼 한 쌍	전체 쌍의 수
1월	1	0	1
2월	0	1	1
3월	1	1	2
4월	1	2	3
5월	2	3	5
6월	3	5	8
7월	5	8	13
8월	8	13	21
⋮	⋮	⋮	⋮

전체 쌍의 수는 1, 1, 2, 3, 5, 8, 13, 21⋯로 늘어난다. 아무런 규칙 없이 수가 증가하는 것으로 보이지만, 주의 깊게 살펴보면 앞의 두 수를 더한 수가 세 번째 수가 되는 규칙을 갖고 있다.

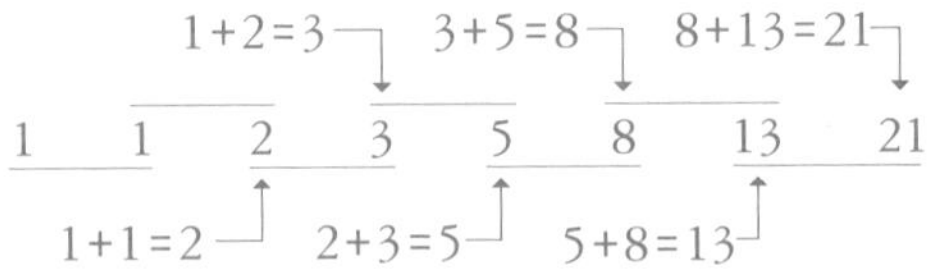

자연 속 피보나치수열

피보나치수열이 유명한 것은 일반적인 수의 배열과 다르면서도 자연 속에서 찾을 수 있는 수열•이기 때문이다. 피보나치수열로 줄기를 만드는 톱풀을 살펴보자. 톱풀의 가지는 시간이 지나면 길게 자라며 자신과 똑같은 가지를 만들어낸다. 그런데 늘어나는 가지의 수를 세어보면 피보나치수열의 규칙을 반복한다는 것을 알 수 있다.

또한 한 변의 길이가 1, 2, 3, 5, 8인 정사각형을 다음 쪽의 그림과 같이 배치한 후 곡선으로 연결하면 나선형 곡선을 얻을 수 있다. 이 곡선은 달팽이 껍질, 고둥과 같이 작은 생물에서 우주의 은하 모양까지 다양하게 관찰된다.

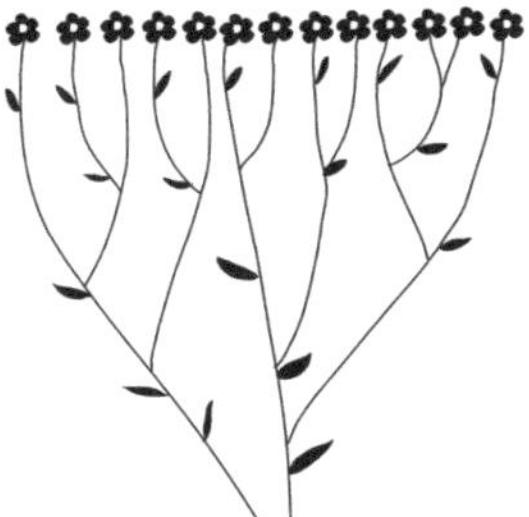

톱풀에 숨어 있는 피보나치수열 톱풀처럼 한 줄기에서 많은 꽃이 나는 식물은 가지의 수가 피보나치수열을 따르는 경우가 많다.

• 수열이란 일정한 규칙에 따라 한 줄로 배열된 수의 열을 말한다.

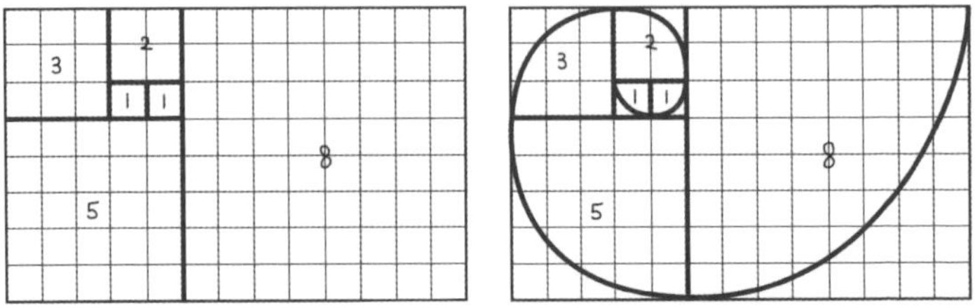

피보나치수열의 황금비가 숨어 있는 자연물 피보나치수열은 식물 줄기의 가지 수, 소라나 고둥의 나선 모양 등에서도 볼 수 있다. 그뿐만 아니라 솔방울, 파인애플이나 해바라기 씨앗의 나선 모양 배치에서도 찾을 수 있다.

피보나치수열이 만들어내는 황금비

수학에서 피보나치수열이 중요하게 다루어지는 이유는 황금비를 만들 수 있기 때문이다. 황금비는 대표적인 무리수다. 무리수는 분수로 나타낼 수 없는, 끝이 없는 소수다. 대표적인 무리수로는 원의 둘레와 원의 지름 사이의 비인 원주율 파이(π)가 있다. 황금비는 어떤 두 수의 비율이 그 합과 두 수 중 큰 수의 비율과 같도록 하는 비율을 의미한다.

즉, 직선 AB 위에 점 C가 있을 때 AC : CB = AB : AC가 되도록 분할하는 비율을 황금비라 한다. 이 비의 값은 무리수로, 거의 1.61803398… 대 1 또는 1 대 1.61803398…이다. 고대 그리스에서 발견된 이 비율은 이후 유럽에서 가장 조화롭고 아름다운 비례로 간주되어 '황금비'라는 명칭을 얻게 되었다.

그럼 피보나치수열에서 황금비를 도출해보자. 피보나치수열의 수를 나열해서 적고, 그 아랫줄에도 한 칸씩 밀린 피보나치수열을 적어보자.

$$\frac{1}{0} \quad \frac{1}{1} \quad \frac{2}{1} \quad \frac{3}{2} \quad \frac{5}{3} \quad \frac{8}{5} \quad \frac{13}{8} \quad \frac{21}{13} \quad \frac{34}{21} \quad \frac{55}{34} \quad \cdots$$

이렇게 하면 연속된 두 수의 분수를 쉽게 구할 수 있을 것이다. 이번에는 계산기를 사용해 분수를 소수로 바꿔보자. 그 결과를 그래프로 나타내면 분수의 값이 1.6180339…, 즉 1.618에 가까워지는 것을 볼 수 있다.

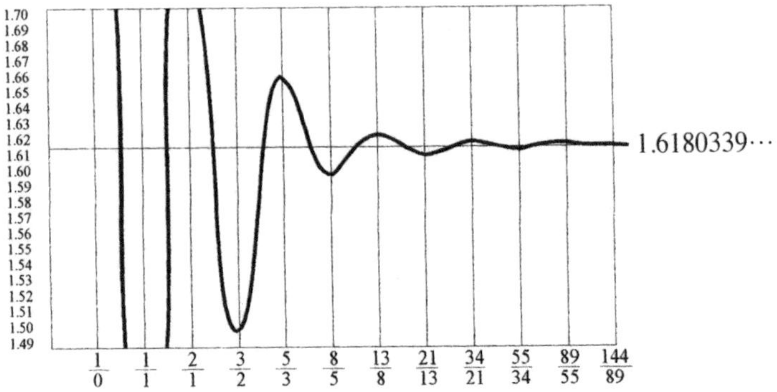

이 값은 앞서 그리스 시대 건축물 설계의 기준이 된 황금비와 같다. 황금비는 정해진 수가 아니라 관계에서 이루어지는 비율이다. 황금비는 무리수로 간단히 기호 φ(피)를 이용해 나타내기도 한다.

피보나치수열뿐 아니라 앞에 두 수를 더해 다음 수를 만드는 모든 수열은 위와 같은 방법으로 나누다보면 그 값이 항상 황금비에 가까워진다. 고대 건축물에서 볼 수 있는 황금비를 규칙적인 수에서도 찾을 수 있다는 것은 놀라운 일이다.

생활 속 황금비 찾아보기

중세 시대의 미술가들은 캘리퍼스라는 도구를 만들어 황금비를 간편하게 그림에 응용했다. 캘리퍼스를 만드는 과정은 다음과 같다. 플라스틱 빨대 같은 단단하고 긴 막대와 그 막대를 고정할 수 있는 못이나 핀 따위를 준비하면 된다.

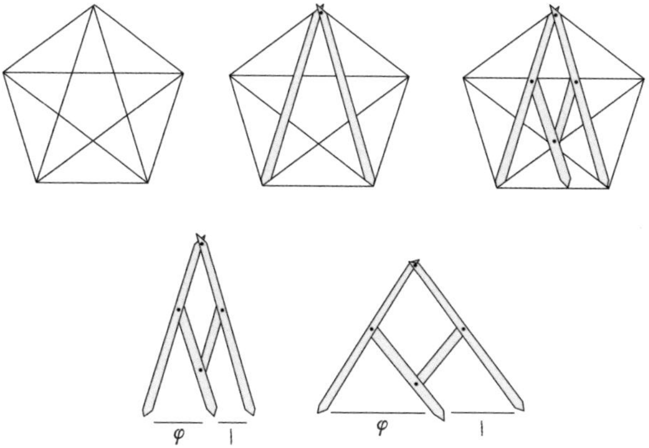

먼저 원하는 크기대로 정오각형을 그린다. 정오각형의 꼭짓점을 안쪽에서 연결해 별을 그린다. 긴 막대 2개를 그림과 같이 '시옷(ㅅ)' 자

모양으로 만들어 별 위에 겹치게 놓은 후 두 막대가 만나는 점에 핀을 꽂아 고정한다. 2개의 작은 막대로 다시 V 자를 만들어 긴 막대와 마주 보게 놓는다. 이때 작은 막대의 연결 점과 각 끝 점은 별의 꼭짓점 위에 올라가도록 한다. 긴 막대와 짧은 막대가 만나는 곳을 연결하면 캘리퍼스가 만들어지는데, 캘리퍼스의 막대 끝이 나누는 부분은 항상 황금비가 된다.

완성된 캘리퍼스로 우리 주변의 황금비를 찾아보자. 별뿐만 아니라

캘리퍼스로 찾은 우리 주변의 황금비.

꽃과 곤충 들, 그리고 우리 신체에서도 많은 황금비를 발견할 수 있을 것이다. 고대의 사람들도 스스로 의식하지는 못했지만 살아오면서 본능적으로 익숙해진 이 비율을 건축물과 미술품에 적용한 것은 아닐까?

4

통계와 확률

전염병은
어떻게 통계학을
발전시켰을까?

EUROPA
Maasstab.
Deutsche Meilen
London
Paris
Berlin
Madrid
München
Dresden
Kopenhagen
Danzig
Warschau
Lemberg
Algier
Constantine
Tripoli
Malta
Fez
Oran
Tunis

14세기경, 긴 십자군 전쟁의 상처를 치유하기도 전에 유럽은 페스트라는 무서운 전염병의 위협을 받게 되었어.

페스트의 위력은 너무나 대단해서 한 번 발병하면 일주일 내에 사망하는 사람이 60퍼센트에 이르렀고, 1340년대에는 무려 유럽 인구의 30퍼센트에 달하는 2000만~3000만 명의 사람이 목숨을 잃었다고 해. 오죽하면 당시에 "눈만 마주쳐도 페스트가 옮는다"라는 소문까지 돌았겠어.

전염병의 유행은 수많은 사람의 목숨을 앗아간 가슴 아픈 역사야. 하지만 이후 생명과 개인의 삶의 가치가 중요시되면서 중세를 지배하던 신에 대한 절대적인 믿음이 흔들리기 시작했지.

그뿐만 아니라 전염병은 수학 분야에서 통계학을 발전시키는 밑거름이 되었어. 전염병에 속수무책으로 당하지 않기 위해 매년 사망자와 발병 지역을 기록하고 연구한 것이 바로 통계학의 출발점이었단다.

그렇다면 전염병을 막기 위해 노력한 수학자들을 찾아 떠나볼까?

페스트와 유럽의 변화

흑사병이라고도 불리는 페스트는 13~14세기 중세 유럽 인구의 3분의 1을 사망에 이르게 한 전염병이다. 페스트는 원래 중국 서남부 지방 또는 중앙아시아 지역의 풍토병으로 알려져 있었는데, 전쟁과 무역 등으로 유럽과 아시아 간의 교류가 많아지면서 유럽에서도 유행하게 되었다.

1347년 남부 유럽에서 시작된 페스트는 얼마 지나지 않아 북부 유럽과 러시아, 아프리카까지 번졌다. 그러나 당시에는 치료 방법이 없었다. 이에 사람들은 페스트를 하느님이 내린 형벌이라 생각

토겐부르크 성서에 그려진 페스트 환자(1411).

했다. 페스트에 걸리지 않기 위해서, 혹은 죽은 후 천국에 가기 위해 사람들은 교회에 큰돈을 바치기 시작했다. 1351년경 살아남은 사람들이 페스트에 면역력을 가지면서 사망률은 크게 낮아졌으나, 이미 인구의 3분의 1이 줄어든 유럽 사회는 급격하게 변화하게 된다.

우선 왕보다 더 큰 권력을 가지고 있었던 기독교를 바라보는 시선이 달라진다. 페스트가 창궐할 때 큰 부를 축적하면서도 사람들을 돕지 않았던 가톨릭교회를 부정적으로 보게 된 것이다.

또한 정치 체제도 달라진다. 중세 유럽은 신분에 따라 땅을 가진 영주와 그 땅에서 농사를 짓는 농노로 계급이 나뉘어 있었는데, 페스트 이후 일손이 부족해지자 농노의 지위가 상승하게 된다. 영주들은 세금을 깎아주고 임금을 올려주거나 농노의 신분을 해방해주기도 했으나, 비싼 인건비를 감당하지 못해 파산하는 영주들이 늘어났다. 이처럼 기독교와 영주들의 권위가 하락하고 신이 아닌 인간 중심의 사고가 확산되면서 유럽 사회는 르네상스 시대를 준비하게 된다.

전염병 잡는 통계학

로마 제국이 쇠락의 길로 접어들고 있을 때 일부 유럽 국가는 항해를 통해 세계 곳곳에 식민지를 세우며 국력을 강화해갔다. 이 유럽 국가들은 식민지에서 공급받은 풍부한 자원들로 전과는 비교할 수 없는 부를 누리게 되었다. 특히 영국은 '해가 지지 않는 나라'라는 별칭까지 얻을 정도로 영국 본토의 80배에 이르는 식민지를 전 세계에 거느리는 제국으로 군림했다. 모든 물자는 영국의 수도 런던으로 집결되었으며, 영국은 전에 없던 번영을 누리게 되었다.

하지만 경제 발전에 도움이 되는 자원들만 영국에 들어온 것이 아니었다. 각국의 다양한 물자와 함께 페스트, 콜레라, 티푸스 등 세계 전역의 전염병까지 런던으로 유입되면서 전염병으로 인한 사망

피터르 브뤼헐의 〈죽음의 승리〉 페스트의 유행으로 14세기 유럽 인구의 3분의 1 이상이 사망했다.

자가 급격히 늘어났다. 사람들은 문을 걸어 잠그고 길거리에서는 페스트를 막기 위한 방호복을 입고 다녔다. 어떤 사람은 십자가를 손에 든 채 마늘을 입에 물고 다니기도 했다.

전염병으로 인한 사망률이 심각한 수준에 이르자, 17세기 초부터 런던시는 매년 12월에 사망표라는 것을 발표하기 시작했다. 당시 런던에서는 모든 시민이 교회에 소속되어 있었고, 교구별로 시민의 출생과 사망, 결혼 등을 문서로 기록했다. 런던시는 이를 이용해 각 교구에 월별 사망자 수와 사망 원인 등의 자료를 집계해서 해마다 사망표를 작성하도록 지시했다. 이 자료들은 런던시가 전염병에 대한 대책을 마련하는 근거로 사용되었을 뿐 아니라, 전염병을 피해 이사 가는 사람과 장사 계획을 세우는 상인들에게까지 다양하게 활용되었다.

사망표에 나타난 사회 통계

상인이자 아마추어 수학자였던 존 그랜트(1620~1674)는 런던시에서 발표한 사망표를 보고 사망자의 수치가 어떤 경향을 띠는지 분석하고자 했다. 그는 지난 23년간의 사망표를 조사한 후 사망자 수에는 두 번의 유행기가 있었다는 것을 발견했다. 그리고 영국과 어떤 나라의 교역량이 증가한 시기와 병이 유행한 시기가 일치한다는

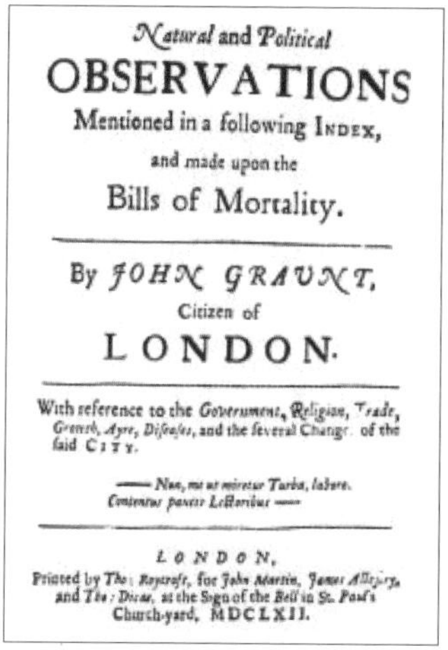

Natural and Political
OBSERVATIONS
Mentioned in a following INDEX,
and made upon the
Bills of Mortality.

By JOHN GRAUNT,
Citizen of
LONDON.

With reference to the Government, Religion, Trade, Growth, Ayre, Diseases, and the several Changes of the said CITY.

—— Non, me ut miretur Turba, laboro,
Contentus paucis Lectoribus ——

LONDON,
Printed by Tho: Roycroft, for John Martin, James Allestry, and Tho: Dicas, at the Sign of the Bell in St. Paul's Church-yard, MDCLXII.

존 그랜트와 《사망표에 관한 자연적 및 정치적 제관찰》의 표지 그랜트의 저서는 유럽에서 선풍적인 인기를 끌었다. 그는 '통계학의 창시자'로 명성을 얻으며 찰스 2세의 추천으로 왕립학회 회원이 되기도 했다.

사실도 알아냈다. 그랜트는 이와 같은 내용을 1662년에 저서 《사망표에 관한 자연적 및 정치적 제관찰》을 통해 발표했다. 이 책은 통계학의 출발점이 되었다.

통계학이란 다양한 사회 현상을 통계를 통해 관찰·연구하는 학문으로 수학의 한 분야다. 수학의 여러 분야 가운데 가장 늦게 연구가 시작되었으며, 사회 각 분야를 분석하는 수치 자료를 통해 사회 문제와 그에 대한 대안을 제시하는 학문으로 발전해왔다. 국가 운영을 위해 기록된 고대의 자료들에서 통계의 기원을 찾아볼 수 있다. 대표적인 예가 인구 조사인데, 로마 제국을 비롯한 고대 국가들은 세금 징수를 위해 인구의 수와 연령층을 조사했다. 그러나 통계학으로서의 학문적 기반을 마련할 수 있었던 것은《사망표에 관한 자연적 및 정치적 제관찰》덕분이었다. 특히 그랜트의 연구처럼 사회 현상이나 사회 속의 여러 관계를 통계학적 관점에서 이해하는 것을 '사회 통계학'이라고 한다. 그랜트의 연구 이후 핼리 혜성의 발견자이기도 한 에드먼드 핼리(1656~1742)는 1693년에 그 유명한 '생명표'를 발표한다. 생명표란 동일한 시대에 태어난 사람들이 나이가 들어감에 따라 어떤 이유로 사망하는지를 조사해 표로 나타낸 것이다. 이 표를 바탕으로 사람들의 평균 수명과 연령대별로 걸리기 쉬운 질병을 알 수 있게 되었다. 18세기에는 이 통계표를 근거로 생명 보험 제도가 만들어졌다. 나이나 생활 습관에 따른 사망 시점을 확률적으로 추정할 수 있게 되면서 사람들을 유형별로 묶어 보험료를 매기는 기준이 생겼기 때문이다. 그뿐만 아니라 사회나 경제 상황을 파악하고 기상이나 해양 등의 자연환경을 조사하는 일까지, 통계학은 지금까지도 우리 생활에서 널리 활용되고 있다.

통계와 그래프의 만남, 미나르의 도표

1861년 프랑스의 토목공학자 샤를 미나르(1781~1870)는 통계와 공학 분야에서 최초로 그래픽을 사용했다. 미나르는 나폴레옹의 러시아 원정을 통계 그래픽으로 나타냈다. 그는 러시아를 공격한 프랑스가 42만 명에 달하는 군사의 대부분을 잃고 불과 1만 명만 남게 된 과정을 단 한 장의 그림으로 표현했다. 이 그림에는 군대의 시기별 위치와 방향, 병력의 흩어짐과 집중, 감소, 당시의 기온 등이 나타나 있다. 미나르가 작성한 이 도표는 통계 자료를 시각적이면서도 효과적으로 보여주는 최고의 통계 그래픽이라 할 수 있다.

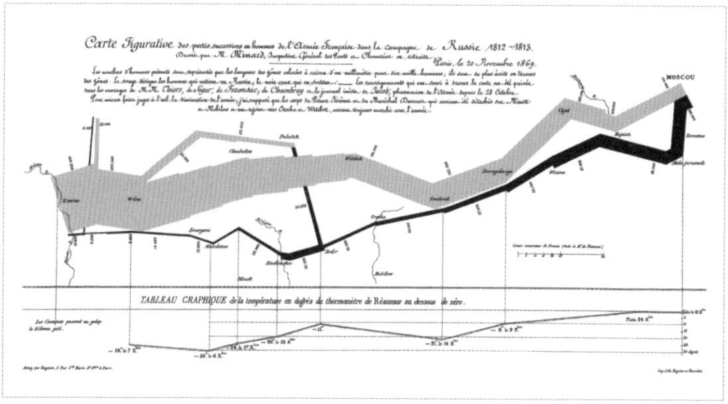

샤를 미나르가 작성한 시각 자료 도표 상단의 글은 작성할 당시의 자료 출처와 도표를 읽는 방법을 설명한 것이다. 그 아래에는 실제 위치를 그대로 반영한 정식 지도가 그려져 있다. 또한 연갈색과 검은색으로 나타낸 이동 경로의 굵기는 해당 지점에서의 병력 수를 의미한다. 꺾은선 그래프는 당시의 기온을 나타낸다. 기온 옆에는 각각의 날짜가 적혀 있다.

통계 그래프로 세상을 치료한 나이팅게일

그 후, 통계학에서는 자료의 특징을 도수 분포표나 막대 그래프 등의 명확한 도표로 표현하는 방법론과 여러 가지 평균값이나 표준편차 등의 통계량으로 알기 쉽게 표현하는 방법론이 계속 연구되었다. 수학을 잘 모르는 사람들을 설득하기 위해 통계 자료를 도표로 나타내 통계 그래프를 일반화한 사람도 있었는데, 다름 아닌 '백의의 천사' 플로렌스 나이팅게일(1820~1910)이다.

나폴레옹 전쟁 이후에 러시아는 세력을 확대하면서 오스만 튀르크 지역을 확보하기 위해 노력했다. 영국과 프랑스, 오스만 제국은 이를 저지하기 위해 연합해서 전쟁을 벌였다. 1853년에서 1856년 사이에 일어난 이 전쟁을 '크림 전쟁'이라고 한다. 이 전쟁에서는 전투로 인한 사망자보다 비위생적인 의료 환경 때문에 사망하는 이가 더 많았다고 한다.

나이팅게일은 크림 전쟁에서 아군과 적군을 구별하지 않고 헌신적으로 간호해 여러 명의 생명을 구한 '백의의 천사'로 유명하다. 그런데 그는 훌륭한 간호사일 뿐 아니라 뛰어난 수학자이기도 했다. 어렸을 때부터 수학에 관심이 많았던 그는 왕립 육군 대학의 수학 교수인 제임스 실베스터를 비롯한 유명한 수학자들에게 수학을 배웠다.

나이팅게일은 충분히 살릴 수 있는 환자가 병원의 비위생적인

제리 배럿의 그림 〈스쿠타리의 야전 병원에서 부상병을 맞이하는 나이팅게일〉 1854년 11월 4일, 나이팅게일은 38명의 간호사와 함께 전쟁터인 보스포루스 해협 인근의 스쿠타리(위스퀴다르)에 도착해 영국군 야전 병원에서 근무를 시작했다.

환경 때문에 죽어가는 현실에 분노했다. 당시 육군성의 대표는 병원을 고칠 돈이면 군인을 더 뽑겠다며 상황을 그냥 지켜만 보고 있었다. 나이팅게일은 발 벗고 나서서 여왕과 왕립 위원회를 설득하기 위해 그래프로 정확한 통계 자료를 만들었다. 이는 복잡한 통계 자료를 간결하게 보여줄 수 있는 그래프의 장점에 착안한 것이었다.

위대한 수학자, 나이팅게일

나이팅게일은 왕립 위원회에 〈영국 군대의 건강, 능률, 병원 관리에 영향을 미치는 요소에 관한 기록〉이라는 800쪽짜리 보고서를 제출했다. 이는 통계 자료를 그래프로 나타낸 최초의 보고서로서, 영국 병사들의 평상시 사망률과 크림 전쟁 동안의 사망률을 그래프로 요약한 것이었다. 그래프는 통계 자료를 쉽고 간결하게 전달하는 데 효과적이었다.

나이팅게일은 1854~1856년을 열두 달씩 나누어 달마다 군인들의 사망 원인과 사망자 수를 표시했다. 바깥쪽의 파란색 부분은 치료할 수 있는 전염병에 걸렸음에도 사망한 군인의 수, 가운데 분홍색 부분은 부상으로 사망한 군인의 수, 안쪽 갈색 부분은 그 밖의 이유로 사망한 군인의 수를 나타낸다. 나이팅게일은 통계 자료를 이용해 여러 병원을 효율적으로 운영했다. 그 결과 스쿠타리 병원에서 질병으로 인해 사망하는 군인의 비율이 42.7퍼센트에서 2.2퍼센트로 낮아졌다.

나이팅게일은 사람들을 설득하는 데 통계 정보를 사용한 최초의 여성 지식인이었으며, 군 병원의 위생 시설 향상과 공중 보건법 개정에 기여했다. 나이팅게일의 그래프는 통계 정보가 한눈에 들어오도록 시각화하는 방법이 개선된 우수한 그래프였다. 그의 그래프는 미나르의 그래프와 함께 19세기 최고의 그래프로 평가받는다.

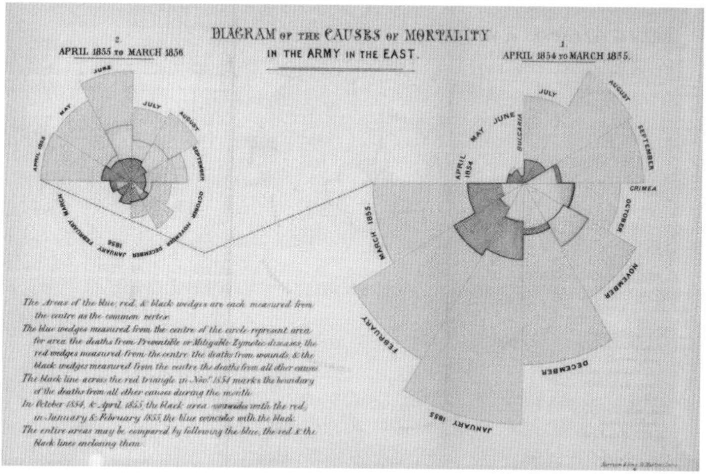

나이팅게일의 보고서에 수록된 그래프 나이팅게일은 영국군 야전 병원의 여러 가지 현황을 한눈에 쉽게 알아볼 수 있도록 고안한 새로운 방식의 그래프 작성법으로 찬사를 얻었다. 그는 1859년에 여성 최초로 왕립 통계학회 회원이 되기도 했다.

동전을 던져 앞면이 나올 확률은?

영국과 독일, 오스트리아 등 서유럽 국가들은 전염병을 분석해 통계학을 발전시켰다. 반면에 이탈리아와 프랑스, 에스파냐 등 지중해 연안의 남유럽 국가들은 따뜻한 기후와 발전한 상권을 바탕으로 확률론을 발전시켰다.

확률은 '동전을 던져 앞면이 나올 확률은 얼마인가?' 하는 질문처럼 그 일이 일어나기 전에는 확실히 알 수 없는 여러 가능성을 대상으로 한다. 즉 확률은 우연을 수로 분석하는 학문인 것이다.

확률은 어떤 일이 일어날 확실성이 정확하게 숫자로 나타나지 않으면 성립하지 않는다. 예를 들어 동전을 던져 앞면이 나오는 경우와 뒷면이 나오는 경우의 확률은 모두 2분의 1이다. 하지만 백두산 천지에 괴물이 있는지 없는지를 따지는 경우에는 "있거나 없거나 중에 한 가지이므로 확률이 2분의 1이다"라고 말하지 않는다. 이때에는 확실성을 판단할 수 없기 때문이다.

동전이나 주사위 같은 계산으로 나오는 수학적인 확률 외에 실제로 해볼 수 있는 일은 '큰수의 법칙'을 이용해 경험적 확률을 찾는 것이다. 예를 들어 병뚜껑처럼 안과 밖 양쪽이 있는 경우, 병뚜껑을 던져 안 혹은 밖이 나올 각각의 확률이 정확히 2분의 1은 아니다. 하지만 수없이 시행을 거듭하면 각각의 확률이 어떤 값에 가까워질 것이다. '큰수의 법칙'에서는 그 값을 확률로 다룬다.

도박으로 얻은 확률

확률론이 수학의 한 분야로 자리 잡기 시작한 곳은 16세기 중엽의 이탈리아다. 당시 이탈리아의 제노바와 피사, 베네치아는 3대 항구 도시로서 12~13세기에 걸쳐 십자군 전쟁과 관련된 물자 운송과 동방 무역으로 많은 이익을 얻었고, 대항해 시대인 15세기까지 번

창했다.

당시 이탈리아에서는 풍족해진 자금 때문에 도박이 크게 유행해 확률론이 주목을 받았다. 특히 지롤라모 카르다노(1501~1576)는 확률론의 창시자로 유명하다. 밀라노 대학의 수학 교수이면서 의사, 점성가, 마술사로도 유명했던 카르다노는 도박을 즐겼다고 알려져 있다. 카르다노는 주사위 도박과 관련해 〈기회의 게임에 관하여〉라는 논문을 발표하기도 했다. 이 논문은 확률에 대한 체계적인 계산을 최초로 소개한 것이다.

Tabula

Combinationum, ſeu Numerorum Figuratorum.

Exponentes Combinationum.

Numeri Rerum Combinandarum.

	I.	II.	III.	IV.	V.	VI.	VII.	VIII.	IX.	X.	XI.	XII.
1.	1	0	0	0	0	0	0	0	0	0	0	0
2.	1	1	0	0	0	0	0	0	0	0	0	0
3.	1	2	1	0	0	0	0	0	0	0	0	0
4.	1	3	3	1	0	0	0	0	0	0	0	0
5.	1	4	6	4	1	0	0	0	0	0	0	0
6.	1	5	10	10	5	1	0	0	0	0	0	0
7.	1	6	15	20	15	6	1	0	0	0	0	0
8.	1	7	21	35	35	21	7	1	0	0	0	0
9.	1	8	28	56	70	56	28	8	1	0	0	0
10.	1	9	36	84	126	126	84	36	9	1	0	0
11.	1	10	45	120	210	252	210	120	45	10	1	0
12.	1	11	55	165	330	462	462	330	165	55	11	1

〈기회의 게임에 관하여〉 카르다노는 단순히 도박사에 머물지 않고 주사위 게임에서 이기는 방법을 기술한 이 논문으로 확률론의 창시자가 된다.

자신의 예언을 실현하기 위해 자살한 카르다노

지롤라모 카르다노.

카르다노는 변호사인 아버지 밑에서 자랐다. 그는 어른이 되어 변호사로 개업한 뒤에도 수학을 공부하고 가르치며 논문을 썼다. 한때 예수의 생애에 대한 점을 쳐서 발표하는 바람에 이단으로 몰려 감옥살이를 하기도 했다. 이후 그는 로마로 이사해 별을 보며 점을 치는 유명한 점성가가 되었다.

카르다노는 성격이 고약해서 화가 나면 아무도 말릴 수 없었는데, 한번은 화를 참지 못하고 어린 아들의 두 귀를 잘라버리기까지 했다. 또한 그는 도박을 좋아해 도박에서 이길 수 있는 확률에 관한 안내서를 쓰기도 했다.

아주 괴팍한 삶을 살긴 했지만 카르다노가 당대의 위대한 학자였던 것만은 틀림없다. 그는 산술·천문학·물리학·의학 등 여러 분야에서 많은 책을 남겼으며, 수학의 허수나 음근에 대한 관심을 최초로 나타내기도 했다.

카르다노는 파란만장한 삶을 살다가 1576년 스스로 목숨을 끊었다. 별점을 본 그는 점괘로 자기가 죽을 날을 예언했는데, 그날이 되자 자신의 예언을 증명하기 위해 자살한 것이다.

트럼프 게임 속의 확률

이탈리아에서 시작된 확률론은 프랑스에도 전해졌다. 당시 프랑스에서는 귀족들 사이에서 트럼프가 크게 유행했는데, 트럼프도 도박의 한 형태로 확률론을 더욱 발전시키는 역할을 했다.

당시 유명한 수학자였던 블레즈 파스칼(1623~1662)은 "어느 쪽이 이길지 전혀 예측할 수 없는 상황에서 두 사람이 게임을 시작해 도중에 그만두어야 한다면, 게임에 건 돈은 어떻게 나누는 것이 좋은가?"라는 질문을 받았다. 예를 들어 실력이 비슷한 A, B가 있다고 치자. 이 두 사람이 32피스톨(옛 금화)씩을 걸고 내기를 했다. 먼저 세 번 이기는 사람이 64피스톨을 모두 가지기로 했는데, 부득이한 사정으로 A가 두 번, B가 한 번 이긴 시점에서 시합이 중단되고 말았다. 이때 64피스톨을 어떻게 나누어 가지는 것이 공정한가가 이 문제의 핵심이다.

파스칼은 이 문제에 다음과 같이 답변했다. "다음 판에서 A가 이기면 A는 64피스톨을 얻게 된다. B가 이기면 한 판을 더 해야 하는데 그 판에서 A가 다시 이기면 A가 64피스톨을 갖게 된다. 이처럼 B가 64피스톨을 따낼 확률은 다음 판과 그다음 판에서 연속으로 승리할 확률과 같다. B가 다음 판에서 이길 가능성은 2분의 1이고, 그 다음 판에서도 이길 가능성 역시 2분의 1이므로, 두 판을 연속으로 이길 확률은 4분의 1이다. B는 64피스톨의 절반의 절반, 즉 16피스톨을 가지고, A가 48피스톨을 가지면 된다."

파스칼의 확률

파스칼은 이 문제에 흥미를 느끼고 당대 유명한 수학자였던 페르마(1601~1665)와 서신으로 공동 연구를 진행했다. 이 과정에서 '파스칼의 삼각형'이 탄생했다. 파스칼의 삼각형을 만드는 방법은 다음과 같다.

1. 먼저 첫 번째 줄에는 숫자 1을 쓴다.
2. 그다음 줄의 항에는 바로 윗줄에 있는 두 수의 합을 넣어 삼각형 모양으로 써 내려간다. 처음과 마지막 항은 항상 1이다. 예를 들어 다섯 번째 줄의 숫자 1과 4를 더해 여섯 번째 줄의 5가 만들어진다.

블레즈 파스칼 파스칼은 수학자로서 '파스칼의 정리', '파스칼의 도형' 등의 개념을 정립했고, 철학자로서 자기 사상을 정리한 《팡세》 등의 저술을 남겼다.

이렇게 해서 만들어진 파스칼의 삼각형은 다음과 같다.

1

1 1

1 2 1

1 3 3 1

1 4 6 4 1

1 5 10 10 5 1

⋮

이러한 파스칼의 삼각형으로 판돈을 쉽게 분배할 수 있다. 예를 들어 "같은 실력의 두 도박사 A와 B가 3판 2선승제의 도박을 하다가 A가 한 번 이긴 후 도박이 중단되었다. 이때 판돈은 어떻게 분배해야 하는가?"라는 문제를 생각해보자. A는 한 번 더 이겨야, B는 두 번을 이겨야 완전히 이길 수 있다. 이때 1 + 2 = 3을 염두에 두고 파스칼의 삼각형을 보면, 셋째 줄에 있는 1, 2, 1에서 첫 번째 1은 A가 두 번 이기는 방법의 가지 수(a/a), 두 번째 2는 A가 한 번 이기는 방법의 가지 수(a/b, b/a), 세 번째 1은 B가 두 번 이기는 방법의 가지 수(b/b)와 같다(여기서 a는 A의 승리, b는 B의 승리를 일컫는다). 따라서 A가 완전히 이기는 경우는 1 + 2, 즉 세 가지이고, B가 이기는 경우는 한 가지이므로, 판돈은 3 대 1로 분배하면 된다.

파스칼의 삼각형은 간단한 덧셈을 이용해 만든 것이다. 하지만 이 삼각형에서 나타나는 수들 사이의 규칙은 셈하기, 지수, 대수, 기하학적인 양식, 수론 사이의 관계를 설명하는 데 유용한 도구가 되었다. 파스칼은 이 같은 연구를 진행하면서 '조합'이나 '순열' 등의 계산법을 발견하며 현대 확률론의 기초를 닦았다.

이때 조합의 사전적 의미는 '여럿을 한데 모아 한 덩어리로 짬'이고, 순열은 '차례로 늘어선 줄'이다. 즉 조합은 순서에 상관없이 덩어리로 뽑아 짝을 이루는 것이고, 순열은 순서를 생각해서 일렬로 늘어놓는다는 뜻으로 이해할 수 있다. 예를 들어 A, B, C, D 중에서 3개를 고르는 방법을 생각해보자. 조합은 순서를 따지지 않으므로 ABC, BCD, ACD, ABD 4개의 방법이 있다. 반면에 순열은 나열된 순서까지 고려하므로 ABC, ACB, ABD, ADB, BAC, BCA, BCD, BDC 등 총 24개의 방법이 있다.

파스칼 외에도 확률론을 연구한 사람으로는 달랑베르(1717~1783)와 라플라스(1749~1827) 등이 있다. 프랑스에서 시작된 확률 연구는 19세기 러시아에서 더욱 활발하게 이루어졌다. 러시아 역시 도박이 크게 유행했기 때문이다. 푸시킨의 〈스페이드의 여왕〉과 도스토옙스키의 〈노름꾼〉 등 당시 러시아를 대표하는 문호들이 도박을 소재로 한 소설을 썼다는 사실만 봐도 알 수 있다.

확률과 트럼프

포커는 53장의 트럼프 카드를 각각의 사람에게 5장씩 나누어주고 정해진 약속에 따라 승부를 가르는 놀이이다. 이때 5장의 카드로 이루어지는 모든 경우의 수는 259만 8960가지다. 포커에서는 낮은 확률의 카드 조합을 갖는 사람이 이긴다. 어려운 카드 조합이 나올 확률은 다음과 같다.

원 페어
5장 중 같은 숫자나 같은 모양의 카드를 한 쌍 갖게 되는 경우로, 그 확률은 약 0.423이다.

투 페어
원 페어가 두 쌍(같은 카드가 4장 있는 경우는 제외) 생기는 경우로, 그 확률은 약 0.048이다.

트리플
5장 중 같은 숫자나 같은 모양의 카드를 3장 갖게 되는 경우로, 그 확률은 약 0.021이다

스트레이트

종류는 다르지만 연속된 숫자가 5장 나오게 되는 경우로, 그 확률은 약 0.0039다.

플러시

같은 종류의 카드만 5장 갖게 되는 경우로, 그 확률은 약 0.002다.

풀 하우스

5장 중 트리플과 원 페어가 합쳐진 경우로, 그 확률은 약 0.0014다.

포 카드

5장 중 같은 숫자의 카드를 4장 갖게 되는 경우로, 그 확률은 약 0.00024다.

스트레이트 플러시

5장이 같은 종류의 카드로 숫자가 연속되는 경우로, 그 확률은 약 0.000014다.

로열 스트레이트 플러시

5장이 같은 종류의 카드로 에이스, 킹, 퀸, 잭과 10이 모이는 경우로, 그 확률은 약 0.0000015다.

5

방정식과 대수학

경제의 발전과
수학의 발전은
어떤 관련이 있을까?

3×3=9
√9=3
+, −
×, ÷

수학의 암흑기라고 불리는 중세 시대의 기독교인들 사이에서는 예수가 태어나고 활동한 예루살렘을 방문하는 성지 순례가 유행이었단다.

그런데 11세기경 셀주크 튀르크족이 세운 이슬람 제국이 바그다드를 점령하면서 성지 순례가 어려워지기 시작했어. 교황은 이슬람교도를 성지에서 몰아내기 위해, 또 점점 강해지는 이슬람 국가의 힘을 막기 위해 1096년부터 약 200년간 무려 여덟 차례나 전쟁을 일으켰는데, 이를 '십자군 전쟁'이라고 해.

십자군 전쟁은 비록 유럽 사회의 패배로 끝났지만, 이후 유럽이 변화하는데 큰 영향을 주었단다. 중세 유럽을 지배했던 기독교의 힘이 약해져서 수학과 과학을 연구하는 분위기가 형성되었지. 그뿐만 아니라 사회·경제적으로도 많은 변화가 있었어. 특히 이탈리아의 도시 국가들은 십자군 전쟁을 통해 많은 경제적인 혜택을 보게 되었어. 여러 항구 도시가 십자군에게 무기 및 식료품을 대여해주는 대가로 당시 유럽 식민지 국가의 중요한 무역 도시들과의 거래를 독점했단다. 이렇게 해서 쌓은 자본은 유럽의 상업과 공업이 발전하는 데 크게 기여했지.

이탈리아를 중심으로 한 유럽 국가들의 경제 발전은 아라비아로부터 다시 전해 받은 그리스 수학을 발전시키는 데 중요한 밑거름이 되었어. 그렇다면 경제 발전이 수학의 발전에 어떤 영향을 끼쳤는지, 르네상스 시대로 출발해 보자.

르네상스 시대의 도래

아라비아에서 전해진 고대 그리스 시대 수학 서적의 복원, 그리고 위대한 수학자들의 연구가 더해져 유럽에서 수학은 더욱더 발전해 나갔다. 이처럼 고대의 학문과 예술이 다시 부흥한 시기를 르네상스 시대라고 한다.

14세기부터 16세기 사이 유럽에서 일어난 문예 부흥 운동인 르네상스는 유럽이 중세 시대를 끝내고 근대로 넘어가는 기점이 된다. 르네상스 시대에는 문화, 예술 전반에 걸쳐 고대 그리스와 로마 문명을 본받아 신 중심의 종교관에서 벗어나 인간 중심의 정신을 되살렸다. 즉, 중세 시대에 신의 뜻이라 여겼던 자연 현상의 변화에 대해 인간의 생활을 중심으로 한 수학·과학적인 분석과 탐구가 가능해진 것이다.

르네상스를 시간적, 지역적으로 명확히 구분할 수는 없으나 일반적으로 이탈리아 중부 피렌체에서 시작되었다고 이야기한다. 이후 유럽의 다른 국가, 즉 프랑스, 네덜란드, 영국, 독일, 스페인 등지로 퍼져나갔다.

피렌체는 로마의 문화 요소가 많이 남아 있었을 뿐만 아니라 일찍이 아라비아 국가들과의 무역을 통해 아라비아의 문화를 받아들였다. 또한 십자군 전쟁을 통해 상업이 발달하면서 문화·예술 활동을 지원할 수 있는 자본력이 형성되어 있었다.

금융업과 함께 발전한 수학

르네상스 시대에 수학이 더욱 발전할 수 있었던 이유는 상업의 발달로 금융업이 성장했기 때문이다. 금전 거래가 활발해지면서 돈을 빌려주고 받을 때 단리나 복리 등 이자를 계산하는 방법이 매우 중요한 문제로 떠올랐다. 상인들은 여러 금전 거래에 필요한 수학적 계산을 정확하게 하기 위해 유명한 수학자들에게 생활비와 연구비를 지원해주기도 했다.

수학자들은 전에 없던 대우를 받았으나 수학자로서 명성을 높이기 위해 많은 연구를 해야 했다. 이 때문에 수학자들 사이에 은근한 경쟁 심리가 생겨 어려운 수학 문제를 풀면서 서로의 실력을 겨루기도 했다. 그 덕분에 르네상스 시대에는 수학이 어느 때보다 빠른 속도로 발전할 수 있었다.

계산판파와 필산파의 싸움

르네상스 시대에는 로마 시대부터 이어 내려온 주판을 이용한 계산 방법과 인도-아라비아 숫자를 이용한 연필 계산 방법(필산)이 공존하고 있었다. 특히 성직자들은 주로 주판을 사용했고, 상인과 은행가들은 주로 필산을 했다.

르네상스 시대의 상인들은 아라비아 상인들과 교역하면서 장부 기록과 계산을 동시에 할 수 있는 인도-아라비아 숫자를 배우게 되었다. 주판의 일종인 선수판이 없으면 계산을 할 수 없는 로마 숫자에 비해 0부터 9까지의 숫자만으로 모든 수를 나타낼 수 있고 계산도 간단한 인도-아라비아 숫자는 상인들을 중심으로 로마 사회에 급격히 퍼져나갔다. 그러나 성직자를 중심으로 한 수학자들은 기존의 로마 숫자 체계로도 충분히 실생활에서의 문제를 해결할 수 있다고 생각해 인도-아라비아 숫자의 사용을 거부했다. 이 같은 갈등은 수판론자(계산판파)와 산법론자(필산파) 간의 싸움으로 번져 1500년대까지 계속되었다.

이는 기존의 것을 고수하려는 계산판파와 새로운 것을 수용하려는 필산파의 싸움이기도 했지만, 좀 더 근본적인 문제는 바로 '0'의 사용이었다. 고대 로마의 숫자 체계에서는 0이 없었다. 0을 처음 접한 계산판파 학자들은 '아무것도 없다'는 뜻의 0이 왜 수학에서 필요한지 이해할 수 없었다. 값이 없는 0을 숫자 옆에 붙여 쓰면 10배 혹은 100배가 되는 큰 수를 얼마든지 만들 수 있다는 사실도 거짓말처럼 느껴졌다. 당시 선수판을 가르치던 사람들은 0이라는 숫자를 악마의 술수라느니, 농담 같은 수라느니 하면서 비아냥거렸다.

위대한 물리학 이론이나 복잡한 수학 방정식을 전문가 외에는 제대로 이해하는 사람이 거의 없는 것과 마찬가지로, 당시 0의 개념도 소수의 위대한 수학자만이 이해할 수 있었다. 성직자들은 인도-아

그레고어 라이히의 〈산술의 화신〉 1508년에 제작된 이 판화는 아라비아 숫자를 사용한 산술과 로마의 주판셈 사이의 경쟁을 보여주고 있다.

라비아 숫자의 활용을 끝까지 인정하지 않았으나, 1500년대에 이르러 상공업이 급속하게 발전하면서 빠르고 정확하게 계산할 수 있는 인도-아라비아 숫자의 보급을 막을 수는 없었다. 그 결과 누구나 쉽게 계산을 할 수 있는 시대가 찾아왔다.

수학 기호의 발명

많은 수학 문제를 빠르고 쉽게 풀기 위해서는 기호를 사용해야 했다. 고대에는 더하기(+), 빼기(-), 등호(=) 등의 수학 기호가 없어서 줄글로 풀이 과정을 써야 했기 때문에 수학이 더 복잡하고 어려웠다. 따라서 르네상스 시대의 수학자들은 수학을 효율적으로 표현할 수 있는 기호를 발명하기 위해 노력했다. 그 후 다양한 형태 변화를 거쳐 현재의 사칙연산 기호(+, -, ×, ÷)와 같은 기호들이 정착하게 되었다.

이 중 덧셈과 뺄셈 기호인 +와 -를 처음으로 사용한 사람은 독일의 수학자 요하네스 비드만(1462~1498)이다. 덧셈 기호(+)는 당시에 덧셈을 나타낼 때 사용되던 라틴어 'et'를 필기체로 빠르게 쓰다가 얻어진 것이었고, 뺄셈 기호(-) 역시 뺀다는 뜻의 'minus'의 약어인 m을 빠르게 쓰다가 만들어진 것으로 추측된다.

곱셈 기호(×)를 발명한 사람은 영국의 수학자인 윌리엄 오트레드(1574~1660)다. 그는 1631년 출판된 《수학의 열쇠》에서 처음으로 '×'를 사용했다. 안타깝게도 어떻게 '×'를 사용하게 되었는지에 대한 구체적인 내용은 전해지지 않는다.

나눗셈 기호(÷)는 스위스의 수학자인 요한 하인리히 란(1622~1676)이 1659년에 처음 사용한 것으로 알려져 있다. 란이 쓰기 전까지 유럽의 몇몇 나라에서는 '÷'를 빼기의 의미로 사용하고 있었다.

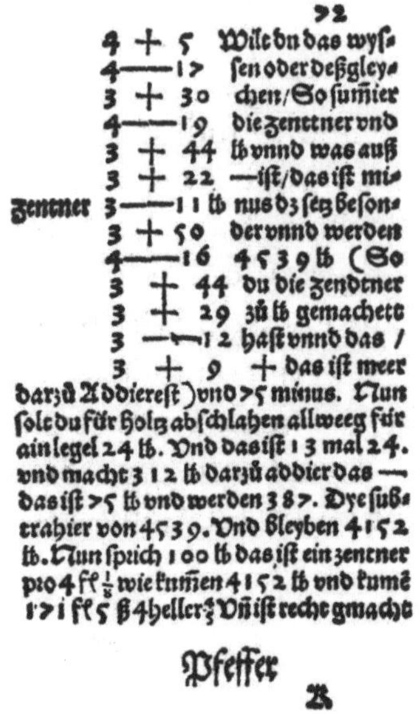

72

4 + 5 Wilt du das wyſ-
4 — 17 ſen oder deßgley-
3 + 30 chen/So ſum̃ier
4 — 19 die zenttner vnd
3 + 44 lb vnnd was auß
3 + 22 — iſt/das iſt mi-
Zentner 3 — 11 lb nus dz ſetz beſon-
3 + 50 der vnnd werden
4 — 16 4539 lb (So
3 + 44 du die zendtner
3 + 29 zů lb gemachett
3 — 12 haſt vnnd das /
3 + 9 + das iſt meer
darzů Addiereſt) vnd 75 minus. Nun
ſolt du für holtz abſchlahen allweeg für
ain legel 24 lb. Vnd das iſt 13 mal 24.
vnd macht 312 lb darzů addier das —
das iſt 75 lb vnd werden 387. Dye ſub-
trahier von 4539. Vnd bleyben 4152
lb. Nun ſprich 100 lb das iſt ein zentner
pro 4 fl $\frac{1}{8}$ wie kum̃en 4152 lb vnd kumē
171 fl 5 ß 4 heller $\frac{4}{5}$ Vñ iſt recht gmacht

Pfeffer

B

《산술》 덧셈·뺄셈 기호는 1489년에 비드만이 쓴 이 책에서 처음 쓰였다고 전해진다.

로버트 레코드(1510?~1558)는 1557년《지혜의 숫돌》이라는 책에서 처음으로 등호(=)를 사용했다. 처음에는 알파벳 Z와 비슷한 형태였으나 점차 지금과 같은 모양으로 바뀌게 되었다. '같다'라는 뜻으로 2개의 선을 나란히 그은 이유는 2개의 평행한 직선보다 더 똑같은 것은 없다고 생각했기 때문이다.

이자 계산은 수학으로

르네상스 시대에는 거대한 부를 바탕으로 사람들에게 돈을 빌려주고 그 돈에 대한 이자를 받아서 이익을 얻는 대부업자들이 많았다. 더불어 원금에 대한 이자를 계산하는 방법들이 발달했다.

돈을 빌렸을 때 이자를 계산하는 방법에는 단리법과 복리법이 있다. 단리법은 매년 원금에 대한 이자만 적용한다. 예를 들어 5000원을 빌리면서 1년에 원금의 10퍼센트(5000원×10% = 500원)씩 이자

〈대부업자와 그의 부인〉 쿠엔틴 메치스가 1514년경에 그린 이 그림에서 당시 번창했던 은행업의 모습을 엿볼 수 있다. 《성경》을 읽는 부인 옆에서 남편은 열심히 돈을 세고 있다.

를 주기로 했다면 2년 후에는 5000원과 1000원(500원×2년)을 더해 6000원을 돌려주면 된다.

이에 반해 복리법은 원금에 대한 이자를 모아 원금에 더한 후 이 합계액을 새로운 원금으로 계산하는 이자 계산 방법이다. 예를 들어 원금 5000원을 연 10퍼센트의 이자율로 빌리면, 다음 해에 5500원을 돌려줘야 한다. 하지만 그다음 해에 돌려준다면 이자가 더해진 5500원이 새로운 원금이 되어 새로운 원금 5500원과 이자, 즉 5500원의 10퍼센트인 550원이 더해진 6050원을 돌려줘야 하는 것이다. 거래되는 돈의 액수가 커지고 이자율과 상환 기간이 다양해짐에 따라 이자를 계산하는 방법이 복잡해지고 이자 계산법도 발달하게 되었다.

이자 계산으로 찾아낸 3차 방정식

친구에게 돈을 a원 빌려줬다. 매년 이자 r를 복리로 적용해 3년 후 원래 빌려준 돈과 이자를 합해 받는다면 총 얼마를 받아야 하는가?

이 문제는 당시 가장 어려운 이자 계산 문제 가운데 하나였다. 이 문제를 식으로 나타내면 다음과 같이 간단히 정리할 수 있다.

$$x = a(1+r)^3$$

$$x = a + 3ar + 3ar^2 + ar^3$$ ●

앞의 식에 원금과 이율을 대입하면 문제는 바로 풀린다. 하지만 문제를 다음과 같이 조금만 바꾸면 복잡한 계산이 된다.

현재 a원을 가지고 있다. 이 돈을 다른 사람에게 빌려주고 3년 후에 x원을 돌려받으려고 한다. 1년의 이자를 얼마로 해야 하는가?

이처럼 1년의 이자 r를 구하는 문제로 바꾸면 식도 다음과 같이 r를 중심으로 한 3차 방정식으로 변한다.

$$1 + 3r + 3r^2 + r^3 = \frac{x}{a}$$

방정식은 등호(=)를 사용하는 식, 즉 등식의 한 종류다. 방정식은 방향을 나타내는 뜻의 한자 '方(방)'과 방법을 나타내는 한자 '程(정)', 일정한 규칙을 나타내는 한자 '式(식)'을 합쳐 만든 단어로 미지수에 특정한 값을 넣었을 때 성립하는 식을 의미한다. 예를 들어,

● 3×a, a×r와 같이 숫자와 문자, 문자와 문자의 곱셈에서는 곱셈 기호(×)를 생략하여 3a, ar로 간단히 나타낼 수 있다.

$5+x=7$이라는 식에서 미지수 x 대신 2를 대입하면 식이 성립하지만, 3, 5, 6과 같은 다른 수를 대입하면 식이 성립하지 않는다. 이처럼 미지수에 넣는 수에 따라 참이 되기도 하고 거짓이 되기도 하는 등식을 방정식이라고 한다. 방정식에서 미지수를 나타내기 위해 사용된 문자가 곱해진 횟수를 차수라고 하는데, x^3은 $x\times x\times x$, 즉 x가 3번 곱해진 것과 같으므로 3차 방정식이라고 한다.

르네상스 시대에는 3차 방정식에 대한 풀이 방법이 없었기 때문에 이것을 푸는 것은 당대 수학자들의 중요한 연구 과제였다. 많은 수학자들이 가장 먼저 3차 방정식 문제를 풀기 위해 경쟁했다.

3차 방정식의 해법을 둘러싼 싸움

3차 방정식의 해법이 소개되기까지는 여러 우여곡절이 있었다. 그 시작은 1515년 수학 교수였던 델 페로(1465~1526)가 $x^3+mx=n$인 3차 방정식 문제를 풀고도 논문으로 발표하지 않은 것이다. 페로는 문제를 풀 때 대부분 아라비아 수학을 활용했기 때문에 그 결과를 발표하지 않고 제자인 안토니오 피오르(1506~?)에게만 알려주었다. 피오르가 3차 방정식의 해법을 알고 있다는 소문이 나자 니콜로 타르탈리아(1499~1557)가 자신도 3차 방정식의 해법을 알아냈다고 주장했다. 타르탈리아의 말이 거짓말이라 생각한 피오르는 3차 방

HIERONYMI CAR
DANI, PRÆSTANTISSIMI MATHE
MATICI, PHILOSOPHI, AC MEDICI,
ARTIS MAGNÆ,
SIVE DE REGVLIS ALGEBRAICIS,
Lib. unus. Qui & totius operis de Arithmetica, quod
OPVS PERFECTVM
inſcripſit, eſt in ordine Decimus.

HAbes in hoc libro, ſtudioſe Lector, Regulas Algebraicas (Itali, de la Coſſa uocant) nouis adinuentionibus, ac demonſtrationibus ab Authore ita locupletatas, ut pro pauculis antea uulgò tritis, iam ſeptuaginta euaſerint. Neq; ſolum, ubi unus numerus alteri, aut duo uni, uerum etiam, ubi duo duobus, aut tres uni æquales fuerint, nodum explicant. Hunc aũt librum ideo ſeorſim edere placuit, ut hoc abſtruſiſsimo, & planè inexhauſto totius Arithmeticæ theſauro in lucem eruto, & quaſi in theatro quodam omnibus ad ſpectandum expoſito, Lectores incitarẽtur, ut reliquos Operis Perfecti libros, qui per Tomos edentur, tanto auidius amplectantur, ac minore faſtidio perdiſcant.

《위대한 기술》의 표지 카르다노는 1545년에 《위대한 기술》을 출간하면서 타르탈리아와의 약속을 저버리고 3차 방정식의 해법을 실었다.

정식을 푸는 공개 시합을 하자고 제안했다. 이 시합에서 승리를 거머쥔 사람은 타르탈리아였다.

이 소식을 들은 지롤라모 카르다노는 타르탈리아를 찾아가 비밀을 지킬 테니 해법을 가르쳐달라고 조른 끝에 그 해법을 알아내게 되었다. 그러나 카르다노는 타르탈리아와의 약속을 어기고 1545년 《위대한 기술》에 3차 방정식의 해법을 발표해버렸다. 타르탈리아가 거세게 항의했지만 카르다노는 오히려 타르탈리아가 자신의 해법을 표절했다며 비난했다.

이러한 싸움 끝에 발표된 카르다노의 3차 방정식 $x^3+mx=n$의 풀이 방법을 살펴보자.

① 항등식● $(a-b)^3+3ab(a-b)=a^3-b^3$이라는 식을 한번 생각해 보자.

② a, b에 대해 $3ab=m$, $a^3-b^3=n$이라고 하면 $x=a-b$가 된다.

③ 마지막 방정식을 a, b에 대해 풀면 다음과 같다.

$$a=\sqrt[3]{\left(\frac{n}{2}\right)+\sqrt{\left(\frac{n}{2}\right)^2+\left(\frac{m}{3}\right)^3}},\quad b=\sqrt[3]{-\left(\frac{n}{2}\right)+\sqrt{\left(\frac{n}{2}\right)^2+\left(\frac{m}{3}\right)^3}}$$

이를 $x=a-b$라는 식에 대입하면 x값을 구할 수 있다.

루트의 발명

3차 방정식의 풀이를 간단하게 보여줄 수 있는 것은 루트($\sqrt{\ }$)▲ 덕분이다. 루트를 이해하려면 우선 거듭제곱에 대해 알아야 한다. 2를 네 번 곱한 것을 2×2×2×2라고도 쓰지만 간단하게 2^4(2의 네제곱)이라고 쓰기도 한다. 이처럼 어떤 수 a를 n번 곱한 것을 a의 n제곱이라고 하고 a^n이라고 쓴다. 여기서 a는 아래 있다고 해서 거듭제

● 항등식이란 식에 포함된 문자에 어떤 값을 넣어도 항상 성립하는 등식이다.

▲ 영어 루트(root)는 '뿌리, 근원'이라는 뜻을 가지고 있다. 우리가 '뿌리 근(根)'을 쓰는 것과 동일하다.

9의 제곱근.

곱의 밑, n은 거듭제곱의 지수•라고 부른다.

근호는 거듭제곱해 나온 수가 아니라 거듭제곱해 나온 수의 근을 지칭하는 말이다. 예를 들어 2의 제곱은 4이고, 4의 근호는 2가 된다. 이때 2를 4가 제곱이 되도록 하는 근거, 즉 '4의 제곱근'이라고 부르며, 기호 $\sqrt{4}$를 이용해 나타낸다. 즉, 4의 제곱근은 기호로 $\sqrt{4}$라고 쓰며 이 값은 2가 된다. 즉 $\sqrt{4}=2$다.

이 기호를 처음 만든 수학자는 크리스토프 루돌프(1499~1543)다.

• 지수란 어떤 수나 문자의 오른쪽 위에 덧붙여 쓰여, 거듭제곱한 횟수를 나타내는 숫자나 문자를 일컫는 말이다.

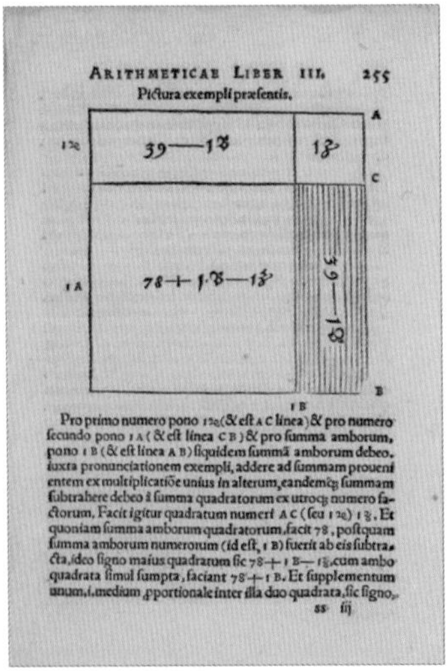
ARITHMETICAE LIBER III. 255

Pictura exempli præſentis.

1𝓇	39—1𝔷	1𝔷
1A	78+1B—1𝔷	39—1𝔷

Pro primo numero pono 1𝓇 (& eſt A C linea) & pro numero ſecundo pono 1 A (& eſt linea C B) & pro ſumma amborum, pono 1 B (& eſt linea A B) ſiquidem ſummã amborum debeo, iuxta pronunciationem exempli, addere ad ſummam prouenientem ex multiplicatiõe unius in alterum, eandemq́; ſummam ſubtrahere debeo à ſumma quadratorum ex utroq; numero factorum. Facit igitur quadratum numeri A C (ſeu 1𝓇) 1𝔷. Et quoniam ſumma amborum quadratorum, facit 78, poſtquam ſumma amborum numerorum (id eſt, 1 B) fuerit ab eis ſubtracta, ideo ſigno maius quadratum ſic 78+1 B—1𝔷, cum ambo quadrata ſimul ſumpta, faciant 78+1 B. Et ſupplementum unum, i. medium proportionale inter illa duo quadrata, ſic ſigno,

ss iij

《산술백과》 **음수, 거듭제곱, 거듭제곱근 등을 다룬 이 책은 독일에서 출간된 대수학 관련 도서들 가운데 가장 높이 평가받고 있다.**

그는 1525년에 《미지수》라는 책에서 최초로 √를 사용했다. √는 '근'이라는 뜻의 라틴어 'radix'의 소문자 r를 변형해 만든 것으로 추측된다.

이 기호를 만든 수학자는 루돌프였지만, 널리 알린 학자는 당대 최고의 수학자였던 미하엘 슈티펠(1486~1567)이었다. 슈티펠은 1533년 루돌프의 책을 수정, 보완해 개정판을 출간했고, 1544년에는 그동안 발표된 이론과 수학 기호들을 망라해 《산술백과》를 출간했다. 이 책은 총 3부로 되어 있으며 각각 유리수, 무리수, 대수에 관한 내용을 담고 있다. 특히 3부에서 수학 기호 +, －, √ 등을 소개해 이 기호들이 널리 사용되는 데 중요한 역할을 했다.

대수학을 발전시킨 비에트

3차 방정식에서 원금을 a, 이자를 r라고 나타내지 않았다면 식은 너무나 복잡해졌을 것이다. 혹은 수학자마다 사용하는 문자가 달랐다면 계산된 식을 보고도 서로 무엇을 계산했는지 이해하기 어려웠을 것이다.

수학자들이 처음부터 기호를 이용해 간단하게 식을 나타낼 수 있었던 것은 아니다. 개개의 숫자 대신 숫자를 대표하는 일반적인 문자를 사용해 수의 관계, 성질, 계산 방법 따위를 연구하는 학문인 '대수학'이 발전했기에 가능한 일이었다. 알-콰리즈미가 대수학의 기초를 세웠다면 이를 본격적으로 정착시킨 사람은 프랑스의 수학자 프랑수아 비에트(1540~1603)다.

비에트는 1591년에 《해석학 입문》이라는 책을 발표하면서 기호대수의 발전에 크게 기여했다. 이 책에서 비에트는 모르는 숫자를 나타낼 때는 알파벳의 모음을, 아는 숫자를 나타낼 때는 자음을 쓰는 것을 제시했다. 오늘날 우리가 모르는 수를 나타낼 때는 알파벳 뒤의 문자들(x, y, z 등)을, 아는 수에 대해서는 알파벳 앞쪽의 문자들(a, b, c 등)을 사용하게 된 것도 비에트 덕분이었다. 비에트 이전에는 별다른 기준 없이 아무 문자나 사용했다.

또한 비에트는 동일한 문자에 대해 적당한 조건을 붙여서 지수를 표현했다. 예를 들어 그는 x, x^2, x^3을 A, *A quadratum*, *A cubum*으로 썼으며, 나중에는 간단하게 A, Aq, Ac라고 썼다. 또 이 책에서 사용된 +, - 기호와 수를 사용할 때 영문자를 활용하는 방법 등은 수학 기호를 일반화하는 데 크게 공헌했다.

비에트는 수학 악마?

프랑수아 비에트.

르네상스 시대의 가장 위대한 수학자로 흔히 비에트를 꼽는다. 비에트는 변호사로 일하면서 왕궁의 고문관을 지내기도 했다. 그런 그가 수학 공부를 시작한 것은 마흔 살 무렵이었다. 먹는 것도 자는 것도 잊고 열심히 수학 공부를 한 비에트는 프랑스에서 가장 유명한 수학자로 인정을 받았다.

비에트는 수학을 워낙 잘해서 사람이 아니라는 소문에 시달리기도 했다. 그 소문의 계기는 프랑스와 에스파냐 간에 벌어진 전쟁이었다. 전쟁 중 프랑스는 에스파냐군의 군사 비밀이 담긴 암호문을 손에 넣게 되었다. 암호문은 수백 개의 문자로 이루어져 있었다. 그런데 이 암호문을 해독한 사람이 바로 비에트였다. 프랑스는 비에트가 해독한 암호문 덕분에 전쟁에서 유리한 전략을 세울 수 있었다.

이 암호문이 절대로 풀리지 않을 것이라 믿었던 에스파냐의 왕은 나중에 교황을 찾아가 프랑스가 기독교의 정신을 버리고 악마를 고용해서 암호를 풀었다고 불평했다.

6

기하학과 원근법

르네상스 시대는
유럽을 어떻게
바꾸어놓았을까?

중세 시대는 르네상스 시대가 시작되면서 역사 속으로 사라지게 돼.

르네상스 시대에 일어난 사회 변화는 근대 사회를 형성하게 되지. 르네상스 시대의 가장 중요한 변화 중 하나는 기술 장인이 인정받기 시작한 거야. 기술 장인은 요즘 말로 하자면 엔지니어란다. 기술자가 천대받기는 동서양을 막론하고 별 차이가 없었어. 하지만 르네상스를 거치면서 중세 암흑기 동안 천대받던 기술 장인들을 재평가하게 되고, 이들의 사회적 지위도 향상된단다. 기술 장인 출신의 대표적인 인물로 레오나르도 다빈치가 있지. 르네상스 시대를 대표하는 천재인 그의 이름은 이탈리아 피렌체 부근의 빈치 마을 출신의 레오나르도라는 뜻이야.

다빈치를 비롯한 수많은 천재가 르네상스 시대에 등장하면서 이들에 대한 사람들의 인식, 그리고 그들이 자기 자신을 바라보는 방식도 바뀌게 된단다. 그 결과 도구의 개발과 개량, 이를 이용한 관측과 실험이 근대 사회의 시작인 과학 혁명의 토대를 쌓게 되지. 중세에 안녕을 고한 르네상스 시대의 모습을 살펴보자.

고대 그리스 서적의 부활

르네상스 시기에는 고대 그리스의 수학·과학 서적들이 영어로 번역되어 대중화된다. 이때 번역된 서적들은 수학·과학이 발전하는 토대가 되었다. 이 시기에 번역된 대표적인 서적으로는 유클리드의 《원론》이 있다. 11세기 제르베르가 고대 그리스어로 적힌 《원론》을 라틴어로 번역한 바 있으나 이 책이 대중화된 것은 1570년 영국의 헨리 빌링즐리가 영어로 번역하면서부터다. 이 책을 통해 도형의 성질을 연구하는 분야인 기하학의 현재 용어들이 약속되었다.

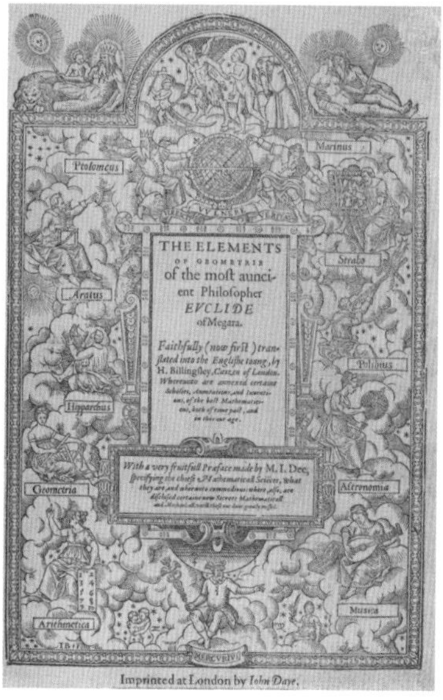

헨리 빌링즐리의 번역으로 1570년 영국에서 출간된 《원론》의 영역본.

사각형의 약속

빌링즐리의 《원론》에는 여러 가지 사각형을 일컫는 영어 단어가 최초로 등장한다. 사각형(四角形)은 4개(四)의 각(角)이 있는 모양(形)이라는 의미를 가지고 있다. 사각형을 언제 누가 찾아내서 사용했는지는 알 수 없지만 인류가 집을 짓고 농사를 시작하면서 사각형의 형태를 인식해 생활에 사용한 것으로 추측된다. 사각형에 대한 기록은 고대 그리스 수학자 피타고라스의 연구에서 최초로 확인할 수 있다. 피타고라스는 직각 삼각형의 세 변 사이의 관계를 나타내는 '피타고라스 정리'를 설명하기 위해 사각형의 넓이를 이용했다.

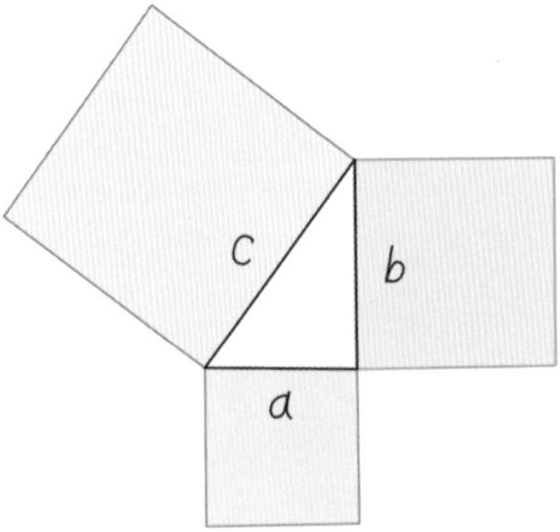

피타고라스 정리: $a^2+b^2=c^2$

사각형을 이루는 선분을 변이라고 하고, 선분들이 만나 이루는 모서리를 각이라고 한다. 또 서로 마주 보는 변을 일컬어 '마주 보다' 또는 '짝'이라는 의미를 가진 한자 대(對)와 '가장자리'라는 뜻의 한자 변(邊)을 합쳐 대변이라고 한다. 마찬가지로 사각형에서 마주 보는 각(角)을 대각(對角)이라고 한다. 사각형은 평행한 변의 개수, 각의 크기, 변의 길이에 따라 사다리꼴, 평행사변형, 직사각형, 정사각형, 마름모와 같이 다양하게 분류할 수 있다.

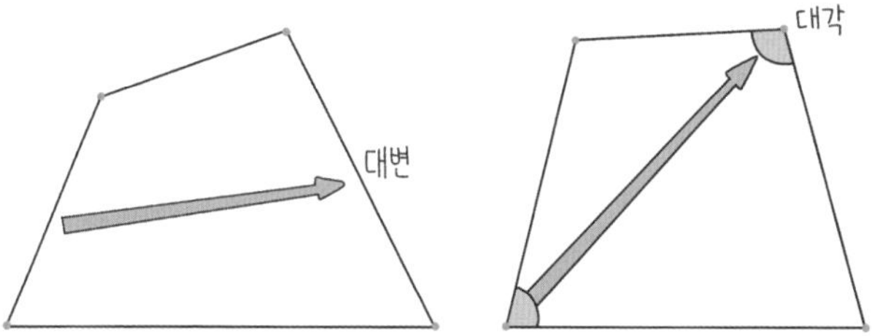

여러 가지 사각형

이제 빌링즐리가 번역한 《원론》에 등장하는 사각형과 관련된 단어들을 살펴보자. 정사각형(square), 직사각형(rectangle), 사다리꼴(trapezoid), 평행사변형(pallelogram)을 확인할 수 있다. 각 단어의 영어 표현이 만들어지게 된 역사적 배경은 다음과 같다.

사다리꼴은 영어로 'trapezoid' 또는 'trapezium'이라고 한다. 'trapezoid'는 작은 테이블을 의미하는 그리스어 'τράπεζα(trápeza)'에서 유래한 단어로, 테이블을 닮은 사각형이라는 뜻이다. 고대 그리스에서 'trapezoid'라는 용어에 대한 첫 번째 기록은 400년대에 출판된 프로클로스의 《유클리드 원론에 대한 평전》에서 확인할 수 있다.

사다리꼴 중 두 쌍의 대변이 각각 서로 평행한 사각형을 평행사변형이라고 한다. 평행사변형은 영어로 'parallelogram'이라고 하는데 '평행'을 의미하는 단어 'parallel'과 '쓰다'라는 의미의 단어 'graphein'에서 유래한 'gram'을 붙여 만든 단어다.

한편 마름모를 나타내는 영어 'rhombus'는 빌링즐리가 번역한 《원론》이 아니라 1567년 존 메이플릿이 쓴 책 《푸른 숲 또는 자연사》에서 처음 사용한 것으로 알려져 있다. 'rhombus'는 그리스어 'ῥόμβος', 즉 '회전체'에서 유래했다. 'ῥόμβος'라는 단어는 고대 그리스 수학자 아르키메데스와 유클리드의 책에서 모두 사용되고 있다. 아르키메데스는 다음 그림과 같이 2개의 원뿔을 붙인 모양을 '입체 마름모'라고 지칭했다. 즉, 고대 그리스 수학자들은 마름모가 원뿔을 2개 붙인 모양을 만들기 위한 기본 도형이라고 생각했던 것이다.

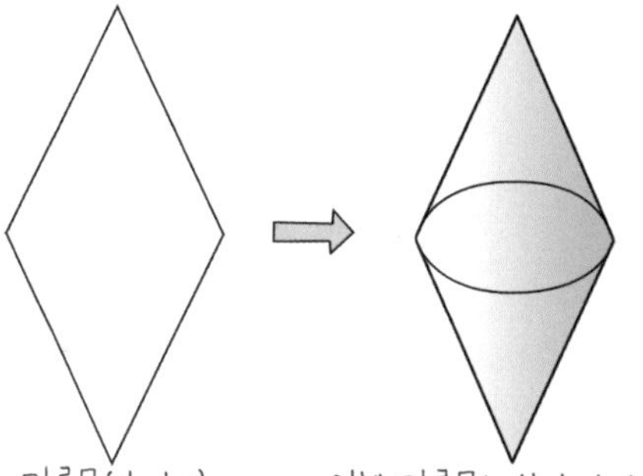

기하학의 토대를 닦은 원근법

르네상스 시대에는 인간의 생활을 편리하게 하는 물건을 만드는 기술자가 우대받기 시작한다. 르네상스를 거치면서 중세 암흑기 동안 천대받던 기술 장인들이 재평가받게 되고 이들의 사회적 지위도 향상된다. 기술자 출신의 대표적인 인물로 레오나르도 다빈치를 들 수 있다.

레오나르도 다빈치는 중세 시대의 유명한 수학자, 과학자, 화가다. 르네상스 이전에는 종교가 최우선이었기 때문에, 그림에서도 신이 항상 중심에 자리 잡고 있었다. 또 우리 눈에 보이는 깊이와 높이가 있는 3차원의 현실을 어떻게 그림 안에서 구현하는가 하는 문제보다는 그림에서 하느님의 뜻을 어떻게 표현하는가에만 주력했

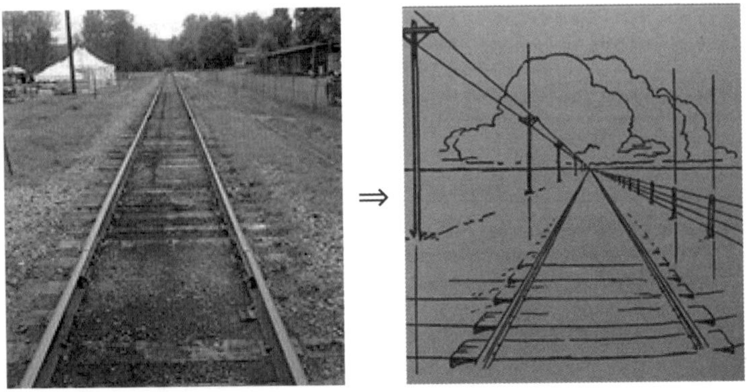

눈으로 본 세계(왼쪽)와 원근법을 이용해 완성한 그림(오른쪽).

다. 그러나 르네상스 시대부터는 인간 중심 사상에 입각해 인간의 눈에 보이는 그대로를 사실적으로 그리기 시작했다. 그 덕분에 르네상스 시대의 그림에는 멀고 가까운 느낌을 그림 안에서 표현하는 원근법이 나타나기 시작한다. 이탈리아 건축가 필리포 브루넬레스키는 고대 이집트, 그리스에서 발견한 수학적, 과학적 사실을 기반으로 원근법을 정립했다. 즉 르네상스 시대부터는 우리가 두 눈을 통해 본 외부 세계를 평면인 종이에 수학적으로 그려낼 수 있게 된 것이다.

사다리꼴, 마름모

직사각형, 정사각형, 평행사변형이라는 도형의 이름은 사각형의 성질을 이용해 지은 것이다. 직사각형(直四角形)은 90도의 직각(直角)이 있는 사각형을 나타낸다. 정사각형(正四角形)은 네 변의 길이가 모두 같고, 네 내각의 크기가 모두 같아 똑바르게 생긴 사각형이라는 뜻, 평행사변형(平行四邊形)은 서로 평행(平行)한 네[四] 개의 변(邊)이 있는 모

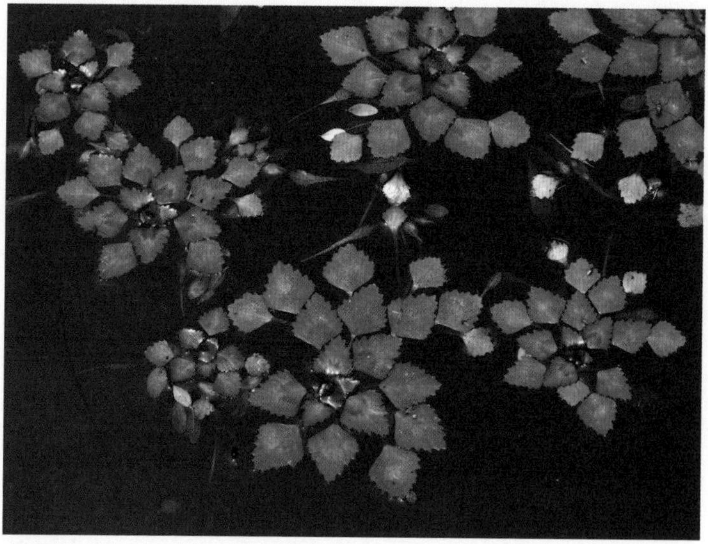

마름 풀.

양(形)이라는 의미다. 그런데 사다리꼴과 마름모는 이와 같은 이름들과 다르게 사각형의 성질을 쉽게 떠올리기 어렵다. 사다리꼴, 마름모는 어떻게 이름 지은 것일까?

사다리꼴이라는 용어는 제형(梯形)을 순우리말로 바꾼 것이다. 제형은 '사다리'를 의미하는 한자 제(梯)와 '모양'을 의미하는 한자 형(形)을 합쳐서 만든 단어다. 제형은 중국과 일본에서 사다리꼴을 지칭하는 용어로, 우리나라에서도 이 단어를 그대로 사용하다가 순우리말인 사다리꼴로 바꾼 것이다. 실제로 1940년대 수학 교과서에서는 사다리꼴 대신 제형이라는 단어를 사용했다. 반면, 마름모는 중국에서 사용되는 능형(菱形)이라는 단어를 순우리말로 바꾼 것이다. 마름모는 '마름'이라는 풀을 닮은 모양이라는 뜻이다.

〈최후의 만찬〉과 사영기하학

레오나르도 다빈치 역시 사람의 눈에 보이는 모든 것을 면밀히 관찰해 그대로 화폭에 옮기는 일에 주력했다. 다빈치가 이탈리아 밀라노에 위치한 산타 마리아 델레 그라치에 수도원 벽에 그린 〈최후의 만찬〉은 원근법이 아주 잘 표현된 작품이다. 다음의 그림은 〈최후의 만찬〉과 그것을 현대 기술로 분석해 어떻게 원근법을 구현했는지를 보여주는 설계도다.

다빈치의 원근법과 입체에 대한 이해도와 표현력은 그가 그린 입체 도형에서도 나타난다. 다빈치는 루카 파치올리의 《신성한 비례》라는 책에 입체 도형을 그려주었는데, 그 구조를 명확히 보여주기

레오나르도 다빈치의 〈최후의 만찬〉.

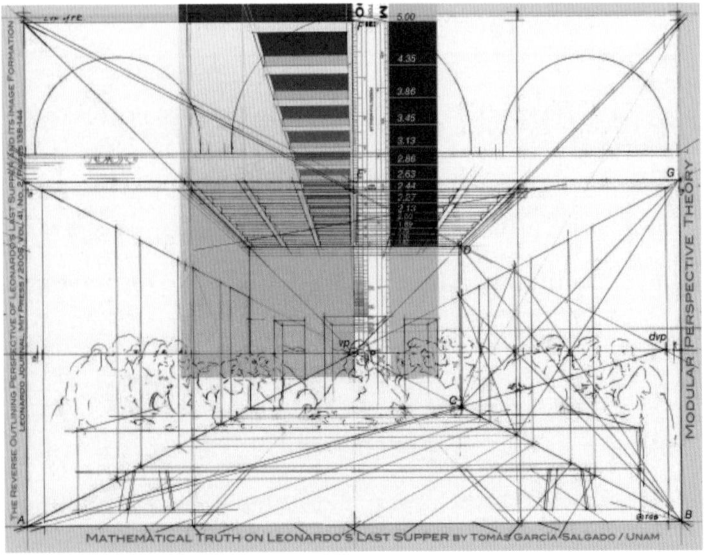

〈최후의 만찬〉에 구현된 원근법.

위해 입체 도형을 겨냥도로 나타냈다.

이후 원근법은 기하학의 한 분야인 '사영기하학'이 만들어지는 단초가 된다. 1636년 프랑스 수학자 제라르 데자르그(1591~1661)가 이 분야를 수학적으로 정리했다. 우리가 도형을 관찰할 때 바라보는 위치에 따라 도형의 길이, 비율, 각도 등이 달라지는데, 이때 달라지지 않는 도형의 성질에 관해 연구하는 분야가 사영기하학이다.

《신성한 비례》에 실린 다빈치의 삽화
레오나르도 다빈치가 그린 다면체와 그 다면체의 구조다. 레오나르도 다빈치가 살던 시기에는 입체 도형을 종이 위에 나타내는 방법을 알지 못했다. 레오나르도 다빈치는 평면인 종이 위에 입체 도형을 정확하게 표현한 것으로 유명하다.

근대의 여명

유럽 전체를 지배했던 로마 제국은 395년에 동로마 제국(비잔티움 제국)과 서로마 제국으로 분열되었으며, 그중 국력이 약했던 서로마 제국은 476년 멸망했다. 이후 동로마 제국은 거듭된 전쟁으로 점점 세력을 잃어가다 1453년 오스만 제국에 의해 멸망하게 된다.

이후 유럽 사회는 르네상스 시대를 거치면서 고대 그리스, 로마 문화를 부활시켰다. 《성경》에 얽매이지 않는 자유로운 사유가 지식인들 사이에 퍼지기 시작했고, 인쇄술의 발달로 새로운 지식이 넘쳐나게 되었다. 유럽 역사에서 중세 사회가 저물고 근대의 여명이 밝아오기 시작한 것이다.

수학이 풀리는 수학사 2 **중세**

통계와 방정식, 전염병을 막아내고 르네상스를 부흥시키다

1판 1쇄 발행일 2021년 3월 8일
1판 3쇄 발행일 2024년 3월 25일

지은이 김리나

발행인 김학원
발행처 (주)휴머니스트출판그룹
출판등록 제313-2007-000007호(2007년 1월 5일)
주소 (03991) 서울시 마포구 동교로23길 76(연남동)
전화 02-335-4422 **팩스** 02-334-3427
저자·독자 서비스 humanist@humanistbooks.com
홈페이지 www.humanistbooks.com
유튜브 youtube.com/user/humanistma **포스트** post.naver.com/hmcv
페이스북 facebook.com/hmcv2001 **인스타그램** @humanist_insta

편집주간 황서현 **편집** 김해슬 이성근 **디자인** 유주현 **일러스트** 왕인희
조판 홍영사 **용지** 화인페이퍼 **인쇄·제본** 정민문화사

ISBN 979-11-6080-578-9 43410